U0277086

Up-growing City

Wang Shouzhi

王受之＼著

朝上的城市

洛杉矶失败了，我们中国的城市没有必要再像它那样为失败付出巨大代价。

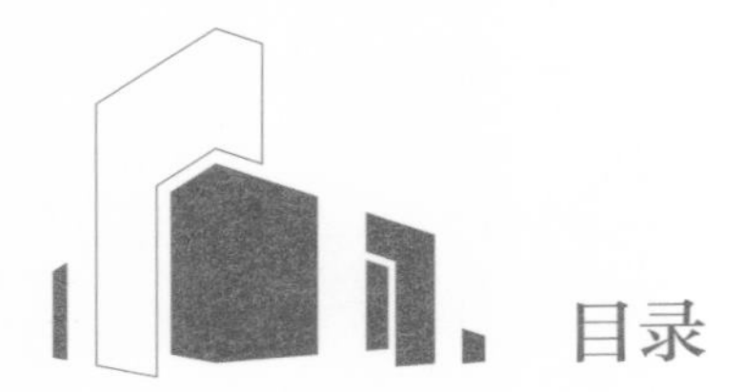

目录

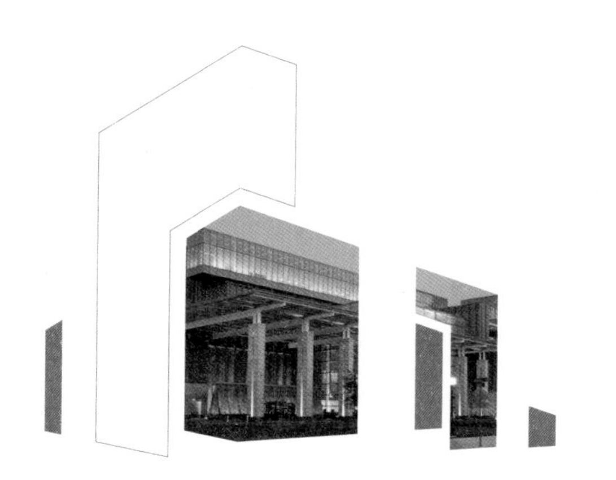

Up-growing City

PART . 1
Origin

缘起

“西子国际”是绿城集团在杭州市中心开发的一个高层综合型的地标性项目，采用了最新的“新都市主义”发展概念，邀请了世界上在朝上发展设计方面最有经验的公司，精心打造，我去看了几次，也和他们谈了很多，感觉这个项目中包含了许多在城市发展得如此快，而对于郊区化依然还有大量没有能够解决的问题之下、改变发展方向，从四面蔓延而走综合竖向的探索，这个项目很有典型意义，这本小书也就是因为这些感触而写的。

这些年来，我一直在写文章，虽然主题比较集中，多在有关建筑、城市、设计等方面，但文章的性质却各有不同：第一类是比较系统的建筑史、设计史；第二类是随笔，其中比较多的是为普及设计知识而写的；第三类则是应房地产开发集团之约，以某些具体项目为切入点而写的建筑杂议。前两类比较单纯，第三类则有一些商业功能，不过我还是尽力保持设计学术的基本格调。此外，还有第四类的写作——各种专栏文章，专栏要求的长度差异很大，从1000字到4000字的都有，写专栏有很紧迫的时间要求，并且经常是要按照编者的要求“命题作文”，开始觉得颇有些困难，多年以来习惯了，写起来也就得心应手了。这部分的文章在发表之后，我往往会放到博客上给大家看看，后来也发展出有感而发而专门为博客写的文字，继而发展出把这些博客文字结集出版的“反向”做法。这样归纳起来，我的写作方式算是林林总总，养成的就是写作习惯，好像随时画画的习惯一样，这种写作习惯已经有二三十年了，逐步成为生活方式之一。回想开始动手写第一本现代设计史的时候，完全是因为学院的科研工作要求而为，现在看看那时候写的东西，颇感幼稚，才疏学浅、治学松懈，如果还有值得欣慰的，恐怕就是那时敢写的勇气了。

我在美国生活、工作了接近三十年，这段时间是美国的城市蔓延走到终点的时候， 大城市的蔓延是美国这些发达国家曾经面临的问题，而到了21世纪，则是发展得最快的几个国家所面临的巨大问题，而理论界在这个问题面前却处于接近无语的尴尬状态。特别是在中国、印度这些高速发展的国家里，城市蔓延程度更快，而堆积如山的问题，亦造成更多困扰。最近作家佛里德里

戴维·诺斯罗普
David Northrup

克·凡·德·普洛加（Frederick van der Ploega）和斯提芬·波赫克博（Steven Poelhekkeb）的著作《全球化和发展中国家的超级都会的涌现》（Globalization and the Rise of Mega-cities in the Developing World，见《剑桥地区经济与社会月刊》，*Cambridge Journal of Regions Economy and Society*，2008年第一期 1 -3，第477-501页），历史学家戴维·诺斯罗普（David Northrup，1941-）的论文：《全球化和趋同化：从长远的角度来重新审议世界史》（Globalization and the Great Convergence: Rethinking World History in the Long Term，在《世界史月刊》*Journal of World History*，卷十六，Volume 16，Number 3，September 2005年9月号，pp. 249-267）等等这些论文都对大城市恶性蔓延从各方面提出自己的看法和焦虑。进入21世纪后，大城市的蔓延已经出现了严重的后果，对环境、资源、生态、社会、经济都造成了越来越严重的问题。从城市蔓延（urban sprawl）到郊区，郊区再蔓延（suburban sprawl）到农村地区，城市内部拥挤不堪、交通严重堵塞、空气严重污染，郊区虽然密度较低，但是却在很短的时间里耗竭了农业用地，造成土地资源的枯竭，也造成了水资源、能源的耗竭，环境严重污染已经达到危害身体健康的地步了，并且对私人小汽车的依赖性越来越强，很多国家和地区已经走向了洛杉矶的模式：没有小汽车简直无法生存了。大量的土地用以建造高速公路，资源、环境继续恶化，成为一个21世纪的恶性循环圈。城市蔓延，特别是这种恶性蔓延如何解决，已经是好多国家面临的大问题了。建筑师基本无能为力，需要政府部门、决策者、规划部门、立法部门共同来解决。

美国提出城市发展的“新都市主义”（neo urbanism）是在20世

纪80年代前后。1987年初我到美国深造，头两年在费城附近的一个州立大学做访问学者，因为还不太适应美国大学的学期、课程变更，加上每个学期都要调换住处，还忙于去看各个主要的博物馆、画廊，参加很多艺术活动，因此那两年基本就没有写什么，连笔记也做得少；1989年正式转到洛杉矶的艺术中心设计学院教书，也处于一种初来乍到混乱状态。那一年世事也很动荡，东欧、苏联轰然倒坍，国内事情也是无法让人轻松，因而也坐不下来写文章。大约到1990年之后，这种动荡逐步成为“过去式”了，自己的工作、生活也开始逐步走上轨道，转向安定。我那时还年轻，自己的状态不错：对什么都感觉新鲜，努力地学习新知识，吸收新事物。

都市主义
Urbanism

郊区主义
Surbansim

新都市主义
Neo Urbanism

那个时候，“新都市理论”和实践正处在风起云涌的阶段，在西方，是“都市主义”（Urbanism）、“郊区主义”（Suburbanism）和“新都市主义”（Neo Urbanism）三个阶段逐步发展上去的，第一个是在市中心混合建造，越来越高，第二个阶段是放弃市中心，迁移到郊区做低密度社区，第三阶段则是回到市中心，建造具有特色的综合新社区。在国内则是三个西方阶段同时发生，因此我自己都感觉不知道如何去配合国内的情况。

那些年，美国经济很兴盛，“新都市主义”发展得欣欣向荣，我则趁此机会如饥似渴地学习新的理论知识。我们学院的国际性学术交往也非常热络，来自世界各地的设计大师川流不息地来讲学，好像查尔斯·莫尔、查尔斯·詹克斯、迈克·格里夫斯、理查德·迈耶、佛兰克·盖利、迪特·兰姆斯、艾托尔·索扎斯、安藤忠雄、矶崎新、黑川纪章这样一些人物，时时可以听到他们的声音。我自己去东海岸，去欧洲，也可以随时参加一些重要的设计座谈会、讲座，有些后来很出名的设计师，比如丹尼尔·里伯斯金、戴维·齐平菲尔德就是在那个时候认识的。双年展、三年展络绎不绝，艺术展销会接连不断，那些年可以说是我自己在学术上、在视野上、在品味上重要的转折阶段，开始对整个西方文化、艺术、设计有一个比较全面的认识和了解。1992年，我开始给台湾的《艺术家》月刊写艺术、设计方面的专栏，每个月一篇，字数并没有严格限制，是我开始学会写艺术、设计随笔的一个很好的平台。1994年，我以前多年积累的设计史论著作在国内开始陆续出版，国内期刊杂志约稿接踵而至，写作不但是我的兴趣，并且也就逐渐成了工作的重要组成部分了。

《艺术家》月刊

把自己学习到的理论知识用在国内开发上，作为借鉴和指导，我是从万科开始的。会议、意见报告，手绘示意图都是方式，但是要让更多的人知道新的概念，我想写比较通俗的书是比较靠谱的方法。我最早开始为具有探索性的项目写书，大约是在2003年，那一年我给万科公司做设计顾问。在看地的过程中，根据开发用地的具体状况、位置和感觉，提出了设计成具有中国特色的现代住宅区的概念，这就是后来深圳的“第五园”。考虑到当时新中式的住宅区在国内还没有太大的市场，也缺乏对新中式的文化诱导，提出配合这个项目写一本有关中国传统住宅文化、现代建筑中如何结合传统的小书，结果就是2004年出版的《骨子里的中国情结》。书一推出，出乎意料地受到读者的欢迎，大家没有把它视为一个楼盘项目的推广册子，而是当作一本文化读物来看，几个月内成了畅销书，完全出乎我自己的意料之外。从那以后，我涉及的项目越来越多，自己在开发方面的经验积淀也日渐厚重起来，这个过程是渐进式的，是一个学习和应用的过程。自己从工作过程中学到了很多从书本上学不到的东西，逐步能够比较准确地对具体项目提出规划、设计方面的意见，并且往往比较能够具有市场的针对性。这段经历，是一般学者所没有的。也正因为如此，我的工作有一个方面总是在市场和理论之间，处于一个边缘状态，但是却能够结合国情对开发起到促进作用，也使我对中国房地产开发中的设计、策划、规划等各个层面认识更加深入了。后来，对于这一类型的书的需求越来越多，2004—2005那两年，甚至发展到一年要写好几本、应接不暇的状况，从而使得原来“有话要说”的撰写状态转入了“找话来说”的应付状态。这个情况对我来说是很不妙的，因为一旦从学术过于偏向商业推广方向，书的可读性就下降了，而写出来的东西也就没有什么价值了。意识到这一点之后，我很快就对要求写书的项目比较挑剔、严加选择。前提是这个项目必须具备两个条件：在设计上有值得讨论的焦点，对城市的发展模式具有探索意义。每年控制在写一到两本这一类的小书，时间比较充裕，内容比较有意思，写作上也因为有选择而能够做到游刃有余了。

在过去十多年中我参与过的项目基本都是属于“郊区化”方式的住宅小区，而属于“新都市主义”的在市中心综合开发则比较少，因此一直期待看到这一类型的项目，这样就到了2011年。那一年的夏天，我从美国回国内做事，杭州的绿城集团派了两位专业人员从杭州到汕头大学长江艺术与设计学院的办公室来找我，拿出一个他们在杭州正在规划设计的大项目给我看。这个项目和我以前接触过的有所不同，是一个叫做“西子国际”的市中心高层综合项目，定位是地标性建筑，建筑风格是纯粹现代的。

我所感兴趣的地方并不限于风格，真正触动我的是这个建筑物后面包含的城市发展的意义。这个项目以其综合功能和高度，恰恰是国内“新都市主义”缺的一个部分，客观上是一个目前国内城市发展方向上罕见的竖向综合体。

第二次世界大战之后，从美国开始的郊区化过程，是用横向蔓延的方式为主导的，我们在改革开放之后的城市发展，也是采用这种从市中心朝四面八方横向蔓延开来的做法。从而导致了土地的耗竭、社区断裂、依赖汽车、污染环境、城市失控的多种负面结果。新都市主义在提出的时候其实有两个方面的建议：在郊区建筑类似历史上的步行为主的小镇型的社区（这一点我们做到了），和在市中心开发具有综合内容的高层社区，后一点我看国内做得很少，或者是全部清一色的高层住宅，缺乏综合性，或者仅仅是商住两用，谈不上“综合性”。这种看法并没有能够解决城市无止境蔓延的浪潮。而绿城集团放在我手头的项目：在杭州中心区建造一个竖向的城市载体，正是针对这种困境所作的一个很有启发性的探索。一旦这个城市综合体建成，在超高层大楼内部包括了就业、居住、消费、娱乐的功能，基本就是一个独立的社区，如果周边有一批这样的综合体，连起来，就是一个竖向的城市。对于目前那种不断吞噬农田向四面八方蔓延的城市发展格局来说，这个项目的成功，无疑是提供了一个很有创意的参照，如果国内主要中心大城市都能拿出一部分没有太多历史沉淀的城区朝这个方向发展，全部做成高层综合体，那么中国城市的发展有机会走上一个拐点。通过政府的立法，有希望使得侵占农田、破坏自然环境、向四面八方无止境地蔓延的城市发展恶劣模式得到扭转。这样的一个项目，的确很令我心动，因此我很快就和他们达成初步协议。2011年10月份去杭州参加绿城在凯悦酒店举行的一个围绕项目的大型研讨会，会后回到洛杉矶就开始动手写书。写作时间比较长，是因为双方就一系列问题有过几次书信联系的往来，我根据他们提出的建议三次修改文稿，直到现在大家看到的这个版本。这个过程就是这本书的大概由来。

“西子国际”项目我是通过好多次深入现场去熟悉的。在杭州通过实地参观，和绿城几位负责人的会谈，我对于该项目，有了更多的了解。这个项目位于杭州城市中心，在庆春路（金融第一街）东段，紧临庆春广场，项目名称为“西子国际”。这个项目面对江干区政府和西子联合大厦，南临庆春东路，北依太平门直街，东邻庆春广场、银泰购物中心，西接秋涛北路，离邵逸夫医院仅一路之隔，距离西湖及武林商圈约4.5公里，紧靠钱江新城。“西子国际”项目总用地面积41亩多，总建筑面积约28万平方米，是一个高层建筑群组成的新型社区，具体是由他们称之为TI、T2、T3的三幢竖式塔楼和底部商业裙楼构成。绿城对于这个项目非常重视，其投入比我见过的其他类似的项目要高得多，据说总投资近60亿元。最大的特点是这个项目的定位不是单纯的商务、写字楼，亦非单纯的高层住宅，而是为了开发高品质的城市生活圈，集国际化写字楼、精装服务公寓和时尚购物中心等物业于一体的高端城市综合体。我看到设计图、规划图的时候有点惊讶，因为这种高端综合型的高层建筑群在西方也才出现不久，是一个崭新的城市发展概念的产物。一问之下，得知设计事务所是美国的KPF，是美国很重要的综合设计事务所，具有国际声望。

左：伊斯皮利托 · 桑托大楼大堂旅客休息处

中：上海环球金融中心

右：拉斯维加斯的东方文华酒店大楼

KPF

Kohn Pedersen Fox Associates
科恩 · 彼得森 · 福克斯事务所

KPF是科恩·彼得森·福克斯（Kohn Pedersen Fox Associates）事务所的缩写，这个事务所是美国最著名的事务所之一，从事都市和社区规划、建筑、室内这样一条龙的设计服务，作品有公共建筑、私人建筑、商业建筑。这个事务所总部在纽约，是纽约第一大的建筑设计事务所，作品遍布全世界35个国家和地区。

KPF近些年的重大项目类型很多，从公建、住宅、写字楼、商业住宅均有，很平均，比如纽约的巴鲁奇学院（Baruch College, New York，2001），弗吉尼亚州麦考林市的《今日美国报》总部大楼（the Gannet/USA Today Headquarters in McLean, VA ，2001），费城国际机场的美国航空公司航站楼（the US Airways International Terminal at the Philadelphia International Airport，2001），东京六本木丘综合建筑体（Roppongi Hills in Tokyo，2003），伦敦的“通层住宅”（Unilever House， London ，2007），国内著名的上海国际金融中心大楼（the Shanghai International Financial Center ，2008）， 拉斯维加斯的东方文华酒店大楼（the Mandarin

左：芝加哥信托大楼

新加坡滨海湾金融中心

达拉斯联邦储备银行大楼

伦敦赫隆塔楼

右：RBC中心塔楼的细节建筑

上：密歇根大学罗斯商学院（Ross School of Business, University of Michigan）入口

Oriental，Las Vegas，2009），安娜堡的斯提芬·罗斯商学院综合楼（the Stephen M. Ross School of Business in Ann Arbor，2009），多伦多的RBC中心大楼（the RBC Centre in Toronto ，2009）， 最近才落成的香港国际贸易中心大楼（the International Commerce Centre in Hong Kong，2010），明尼苏达大学理学院教学和学生服务中心（the University of Minnesota Science Teaching and Student Services Center ，2010），今年完成的新泽西伊斯林市的都市中心大楼（Centra at Metropark in Iselin，New Jersey ，2011），和巴黎最高的建筑“第一楼”（Tour First，Paris， 2011）。KPF最近正在设计曼哈顿西面的哈德逊船坞重新开发项目（the Hudson Yards Redevelopment Project），这个项目占地26英亩，是美国人非常关心的一个旧城中工业遗址改造的设计项目。他们还在设计纽约大学新的护理、牙科、生物工程学院的综合楼。在纽约做的项目随处可见，比如

左：位于加拿大多伦多市的RBC中心塔楼，建于2009年

中：香港环球贸易广场（International Commerce Center, Hong Kong, 2010）

右：阿布扎比国际机场候机大厅（Abu Dhabi International Airport）

著名的杰克逊广场一号大楼（One Jackson Square，2009）等；大名鼎鼎的纽约现代艺术博物馆（Museum of Modern Art， MOMA）扩建工程也是由他们主理的。KPE手上目前仍在进行的项目有：新加坡的“海洋湾”金融中心大楼（Marina Bay Financial Centre in Singapore），伦敦的平纳克大楼（the Pinnacle in London），阿布扎比国际机场（the Abu Dhabi International Airport）的米德菲尔德航站楼（the Midfield Terminal Complex），在韩国仁川国际机场的宋洞国际商业中心区（Songdo International Business District in Incheon）和高达555米的首尔罗特超级塔楼（the Lotte Super Tower in Seoul）、加利福尼亚大学洛杉矶校区的新神经科学和人类行为学院大楼（the Semel Institute for Neuroscience and Human Behavior at UCLA），在深圳的646米高的平安保险公司总部大楼等等。“西子国际”项目是迄今为止他们在杭州完成的最重要项目。

和所有的那些有深刻历史沉淀的城市一样，杭州在于我，是很复杂的一个城。我喜欢古老的杭州，喜欢自然的杭州。这是肯定的。但是也知道杭州无法避免的蔓延趋势，浙江省和江苏省最大的不同之处，是这个省只有一个杭州可以作为真正的大都会载体，周边所有的中等城市都没有这样的能力，因而造成全省富裕起来的一批人都要在杭州置地、安家，城市不得不发酵蔓延；而江苏则有一群中等城市可以做载体，省会南京反而不如苏州、无锡、常州、扬州、镇江这些中等城市的活力，这样，江苏的城市比较均匀，而杭州就不得不面临极大的压力了。单从房价就可以看出来苏杭差异，杭州的价格赶超上海，而苏州依然是可以接受的水平。我要考虑的是：怎么能够从新建造的角度来保护杭州的历史沉淀、杭州的慢城氛围呢？想到这里，我就感觉这本小书很有些可以写的地方了。“西子国际”项目是我接触到的第二个在杭州的项目，之前我曾经和英国设计家戴维·齐平菲尔德设计的另外一个多层大面积的公寓小区有所关系，“西子国际”是第一个在杭州市中心的高层地标性综合体，因而我自是感触更多，城市的蔓延问题、历史上几代建筑师用综合体方式尝试解决问题的轨迹，是我考虑可以在这本小书中讨论的议题，引出“西子国际”这个项目的意义来。这个思路，我在现场踏访的时候已经在脑海里逐渐形成了。

Up-growing City

PART . 2
Impression West Lake

印象西子

不知道是什么影响，我自小就怕人多的景点，无论多么好的地方，如果有好多人挤着去看，我情愿走开，因为自己总觉得要和自然接触，最好是自己和自然面对面，周边尽是人的话，是没有自然感的。不过这些年国内的景点基本都是常年人满为患，结果是我少去了很多地方。

苏堤、白堤

杭州就是这样一个让我矛盾的城市。2011年10月份，我匆匆到杭州开两个会，一个会在杭州的君悦酒店开，窗外就是西湖；另外一个会在象山的中国美术学院内。君悦酒店的位置是最佳的，就在杭州老城和西湖交界的湖边，但是从房间看出去，整个西湖游人如织，远远看见苏堤、白堤上面的人是黑压压的一条链，湖面上也全是游艇渡舟，靠近酒店这边一直到“柳浪闻莺”，则全是杭州的老人活动场所。看见这种人头涌涌的气势，自己心里倒有点落落寡欢，就目前这个人气，我想许仙和白娘子肯定会给成千上万的旅游团员们簇拥而过断桥，绝无机会见面，济公也肯定给城管带回拘留所等待遣送回老家的了，如果当年的游人好像现在这样多，《白蛇传》、《济公传》都不会出现，西湖绝大部分的故事都不会有，这个城市的文化应该是那种慢悠悠的、空灵清净型的。

对一个城市、一个地方的观感，我总以为第一印象非常重要。第一次留下的印象，要改变很难。好像我对北京的印象，老是定格在20世纪50年代那个慢悠悠、清净净的古城，而对杭州的印象，也是一个落英缤纷而人口稀疏的西湖，是“文化大革命”中的那个城，也是俞平伯先生散文中的那个城。之后无论去多少次，回忆起那个城市，总是有第一次的影子在那里。

我第一次去杭州是1974年，因为去富春江写生而路过住了几天。我那时候在一个县城的工艺美术工厂当设计员，省工艺美术公司组织写生，搜集素材，那一次是走江浙一线，一行十一个人，由画家庄寿红担任我们的导师和领队，趁着春风拂面、桃红柳绿时分，在江南山水园林中闯荡了一个月。时值“文化大革命”，即便是西湖胜景，也是路断人稀、游人绝迹。那一次江南行，画是很画了一批，真正的收获，却是对江南有了一个很生动的认识。

上：杭州的拱宸桥

当年从苏州到杭州并不方便，汽车贵且不说，还要走很久。最经济的走法，是坐大运河的航船从苏州去杭州。傍晚时分在苏州的阊门码头上船，是木船，吃水很浅，我们走下船舱，只能坐着或者躺下，躺下睡的时候，头就在船舷边，舱外是一尺宽的船舷走道，再外就是带腥味的运河水面了。天黑之后，我们的船点起马灯，水手吆喝着什么，撑开木船。很快，雾气中的苏州消失在黑暗中，仅仅听见水声和慢腾腾的马达轰鸣。一夜水声在头边激荡，半明半暗、摇摇晃晃，沉沉睡去。清晨时分，被水手大声叫醒，望出去，抬头就看见了拱宸桥，已经到了杭州码头了。

拱宸桥

拱宸桥建于明朝崇祯四年（1631年），是杭城古桥中最高最长的石拱桥。桥长百米，高16米，是座三孔薄墩联拱驼峰桥，中间的桥拱差不多有16米高，两边小拱券也有11米。拱宸桥东西横跨大运河，是京杭大运河到杭州的终点标志。透过薄雾望着拱宸桥，我们就下船到了杭州老城。

左：运河边上的人家

右：幽幽的小河直街

京杭大运河

小河直街

据说，杭州的历史文化有一半是京杭大运河造就的。我第一次去杭州的那几天，拿着先找好的资料去看旧城，去拱墅区的小河直街，因为这条小巷的历史可以上溯到南宋时期。河畔现存的民居，其建筑基础在明代之前就奠定了，明末清初时这里可是商船如梭、富贾云集之地，被称为杭州十八景中的“北关夜市”，盛极一时。由于是大运河的支流，小河直街理所当然地成了南北货物的集散地。当地的老人说，当时的店铺的种类数不胜数，报得上名堂的就有炮仗店、茶馆、酱坊、铁匠铺、蜡烛坊等等，还有一种专门孵小鸡、小鸭的店，叫做“哺坊”，可见当时商业形态之繁多。这种盛况直到上个世纪三四十年代方告结束，原来的打铁铺、茶馆、蜡烛坊、碾米店，现大多已成了民居，只留下了木门板上依稀可辨的字迹和同样模糊的记忆。

上：杭州胡庆馀堂老字号

胡庆馀堂

那时候的杭州还没有多少建设，站在吴山上看杭州城，鳞次栉比几十万家粉墙黛瓦，破败不堪，中间突兀地矗立着一些简陋的预制板的筒子楼，高耸的马头墙所剩无几，原来深宅大屋的那些精美的木雕砖雕，在前几年的“文化大革命”的“破四旧”中被砸得七零八碎，老房子有的只是皇城根儿下凋零的民居，还算平淡和闲适。青石板的巷道依然有邻里的活力，对外部惊天动地的政治争斗显得特别与世无争。走到大井巷，依稀看见巷口“胡庆馀堂”四个褪色的金字，如果不是先做功课，完全无法想象这里是南宋的皇城根儿，走近巷里，几口井的井水依然甘洌，当地人在夏天把西瓜放进竹篮浸在井里，等晚饭后全家人享用，看见井旁石碑上有五个字了——“钱塘第一井”，有一种遥远的历史自豪感，到我去的时候，已经落魄到没有气力了。

那时候的杭州中山中路还是比较现代，这段城区是民国时期杭州的豪华之地，那里有十几幢上世纪二三十年代的西式小楼，看似完全西洋，其实也很地方，那些洋楼是用石灰、水泥加上糯米（江米）砌成的，坚固无比，时当“文化大革命”，这里的洋场喧哗早已褪去，那些昔日洋场老板的豪宅，或是变成拥挤的居民楼，或是成了政府部门的办公室，底层是简陋的小吃店、杂货店，走进去任何一间，都是狭窄昏暗杂乱不堪，走道里是炉灶、煤球、油漆斑驳的自行车、关不拢的水龙头、麻绳一样纠缠不清的电线，院子里见缝插针有人种着牵牛花、丝瓜，解放前留下了的老葡萄藤缠上屋顶。

我去的那一年，尼克松已经离开两年了，但是杭州人谈起尼克松短暂的杭州之行的时候，还是绘声绘色，毕竟自从南宋灭亡之后，这个城就没有过多少精彩得值得谈的事。据说尼克松当时在答记者问的时候，给杭州一个评价，说这个城市是“美丽的西湖，破烂的城市”，说在西湖上迎着寒风游览的时候，他问周恩来一些很普通的问题（据说都包藏有挑衅意义），都被周恩来聪明地打了回去。比如问中国总共有多少人民币，周总理回答说：十八块八毛八（人民币面值十块、五块、二块、一块、五毛、二毛、一毛、五分、二分、一分），问中国有多少洗手间，周总理回答说：只有两个（一个是女的，一个是男的）。尼克松到楼外楼拿三千美金吃中餐，但有要求，第一个要求把三千美金用完，第二个要求要把他们四个人吃得不能不够，也要吃得不能剩下来。那时候像楼外楼一年的营业额可能也达不到三千美金，一般老百姓月工资只有三十至四十人民币，三千美金相当于人民币好几万。为了不丢中国人的面子，周总理跟楼外楼商量给他们上三道菜，第一个菜是凤尾菜，第二个菜是龙须菜，第三个菜是正宗的西湖莼菜汤。他们四个人吃得刚刚好。周总理跟他们结账的时候先带他们去了楼外楼一个地方，堆着两堆山一样的东西，一堆是鸡，一堆是鱼，就是他们四个人吃的那两道菜的下脚料。这些故事都是当时杭州的朋友给我讲的，听起来的确很睿智，也明知是杜撰的，但是细细品味起来，其实也是一个国家当时窘迫的苦笑而已。

俞平伯
《杂拌儿》

有人会问：你那个时候去杭州，能够有什么书参考呢？“文化大革命”中，书是革命的对象，要找到有关的书，几乎没有可能。虽然我出门总是带几本书，但是要找到关于杭州的书则很困难，我去苏州、杭州之前先到上海，在淮海中路那间小小的国营旧书店里用二毛钱买一本旧书，是俞平伯先生写的《杂拌儿》，这可是“文化大革命”中“漏网”的杂文，估计是“文化大革命”初期抄家收没再拿出来贱卖的，或者是怕事的主人忍痛割爱做废纸卖给旧书店的，在我就是捡了个大漏了。俞平伯和江浙关系很深，这本散文集的名字只是“取他杂的意思”，很合我自己随意、散漫的习惯。周作人为这本书写了题跋，钱玄同为这本书题封面，还帮这本书写了“一名梅什儿”。我买的这本《杂拌儿》由上海开明书店于1928年8月出版，集内共收文章三十二篇。其中少数是考据性的，如《雷峰塔考略》，还有几篇是文言的，如《北河沿畔跋》，更多的则是序跋和游记，如与朱自清同名的散文《桨声灯影里的秦淮河》。当年两位散文家同游秦淮，各写了一篇游记，为研究五四时期现代散文的后人留下可记的一笔。

在杭州的几天，白天在西湖圈里画画，晚上回湖边的“招待所”

朱自清
《〈燕知草〉序》

（那时候我还没有资格住旅店）看书，因而对这本书有很特别的记忆。俞平伯第一次就是1920年4月从英国返抵杭州，到1920年9月经蒋梦麟推荐来杭州做了“一师风潮”后重振复课的首批国文教师。到1922年7月9日，他作为浙江省视学受浙江教育厅委派出行美国。7月抵旧金山，10月9日回国。出国匆匆，我看他心里很有点郁结，所幸，他归来的“相熏”之地恰是杭州。朱自清在《〈燕知草〉序》中曾为他辨析：“西湖这地方，春夏秋冬，阴晴雨雪，风晨月夜，各有各的样子，各有各的味儿，取之不竭，受用不穷；加上绵延起伏的群山，错落隐现的胜迹，足够教你流连忘返。难怪平伯会在大洋里想着，会在睡梦里惦着！”仅止如此，自然是不够的。所以朱自清笔锋转过：“不错，他惦着杭州；但为什么与众不同地那样粘着地惦着？”“这正因杭州而外，他意中还有几个人在——大半因了这几个人，杭州才觉可爱的。好风景固然可以打动人心，但若得几个情投意合的人，相与徜徉其间，那才真有味；这时候风景觉得更好。”俞平伯先后几次住杭州，第一次是去从英国回来时，第二次是从旧金山回国时，1924年底他迁居北京，在1925年作文追忆杭州：“在杭州小住，便忽忽六年矣。城市的喧阗，湖山的清丽，或可以说尽情领略过了。其间也有无数的悲欢离合，如微尘一般的在跳跃着。于这一意义上，可以称我为杭州人了。”（《芝田留梦记》）研究文学的人说：俞平伯是吟着新诗踱入新文坛的，而其新诗与诗歌理论的大部分亦正是写于杭州，这内里的起、转、落、合历程，外部有1920至1925年间的居杭作息相印证。最早的白话文作品，是被称为新文学白话诗之先驱的《冬夜》。自然有人说这篇文章有的是卓荦古雅，白话的不够新，不够“白”。当时的文人都尖刻、挑剔，百年中给政治运动磨了又磨，现在怕挑拣不起来了。

俞平伯与杭州是一个文人和一个城市的关系，有人用张爱玲之于上海、白先勇之于台北、川端康成之于京都相比。俞平伯的新诗、散文中精华的绝大半，以红学家身份异军突起的《红楼梦辨》，都是在杭州孕育催生的。我期间看的这本《杂拌儿》中有好多文章是写杭州，与其说是写山水，还不如说是写心情。他的散文受周作人的影响。结集有《燕知草》（1928）、《杂拌儿》（1928）、《杂拌儿之二》（1933）、《燕郊集》（1936）等。他的抒情写景小品多写杭州风物，古趣盎然，往往表现出一种朦胧落寞的情怀，左翼文人批评他缺乏蓬勃生机和时代气息。他的文笔含蓄委婉，有时也繁缛晦涩。知识渊博，讲究趣味，情景之间夹叙夹议，情理交融，娓娓而谈，饶有风致。

那一次看他的这本《杂拌儿》，给我印象特别深的是他经常把杭州称之为“城”，那是他的城。有篇叫做《杭州城站》，写的是从上海坐晚上班车去杭州城站、去看恋人的故事，对杭州有恋爱的感觉：

“我在江南的时候最喜欢乘七点多钟由上海北站开行的夜快车向杭州去。车到杭州城站，总值夜分了。我为什么爱搭那趟车呢？佩弦代我说了：‘堂堂的白日，界画分明的白日，分割了爱的白日，岂能如她的系着孩子的心呢？夜之国，梦之国，正是孩子的国呀；正是那时的平伯君的国呀！？’（见《忆》的跋）我虽不能终身沉溺于夜之国里，而它的边境上总容得我的几番 彳亍。

您如聪明的，必觉得我的话虽娓娓可听，却还有未尽然者；我其时家于杭州呢。在上海作客的苦趣，形形色色，微尘般的压迫我；而杭州的清暇甜适的梦境悠悠然幻现于眼前了。当街灯乍黄时，身在六路圆路的电车上，安得不动‘归欤’之思？于是一个手提包，一把破伞，又匆促地搬到三等车厢里去。火车奔腾于夜的原野，喘吁吁地驮着我回家。

在烦倦交煎之下，总快入睡了。以汽笛之尖嘶，更听得茶房走着大嚷：‘客人！到哉；城站到哉！’始瞿然自警，把手掠掠下垂的乱发，把袍子上的煤灰抖个一抖，而车已慢慢的进了站。电灯迫射惺松着的眼，我‘不由自主’的挤下了车。夜风催我醒，过悬桥时，便格外走得快。我快回家了！不说别的，即月台上两桁电灯，也和上海北站的不同；站外兜揽生意的车夫尽管粗笨，也总比上海的‘江北人’好得多了。其实西子湖的妩媚，城站原也未必有分。只因为我省得已到家了，这不同岂非当然。

她的寓所距站只消五分钟的人力车。我上车了，左顾右盼，经过的店铺人家，有早关门的，有还亮着灯的，我必要默察它们比我去时，（那怕相距只有几天）有何不同。没有，或者竟有而被我发见了几个小小的，我都会觉得欣然，一种莫名其妙的欣欣然。

到了家，敲门至少五分钟。（我不预报未必正确的行期，看门的都睡了。）照例是敲得响而且急，但也有时缓缓地叩门。我也喜欢夜深时踯躅门外，闲看那严肃的黑色墙门和清净的紫泥巷陌。我知道的确已到了家，不忙在一时进去，马上进去果妙，慢慢儿进去亦佳。我已预瞩有明艳的笑，迎候我的归来。这笑靥是十分的‘靠得住’……

城站无异是一座迎候我的大门，距她的寓又这样的近；所以一到了站，欢笑便在我怀中了。无论在哪一条的街巷，哪一家的铺户，只要我凝神注想，都可以看见她的淡淡的影儿，我的渺渺的旧踪迹。觉得前人所谓‘不怨桥长，行近伊家土亦香’。这个意境也是有的。……”

这篇文章是杭州的情感，而非景色的雕琢，“杭州的清暇甜适的梦境悠悠然幻现于眼前”，却实实在在地打动了我，我喜欢俞平伯的文章，也正是因为这个原因了。那时候看的这本书，就慢慢形成另外对于杭州的一种情绪，先入为主，到现在也依然能够很清楚地记得那次纪行。

我还没有见过中国有其他什么城市能够好像杭州一样让历代诗人留下如此多的清雅诗文来。好像唐代张若虚、宋代苏轼，都有好多精彩的诗句颂扬杭州和西湖的。不过比较起来，我还是喜欢宋代隐居西湖孤山的林逋，可能他的诗有一种隐退、静谧的情感在内，和我对西湖的感受比较接近吧。比如他写西湖的梅花，说“ 众芳摇落独暄妍，占尽风情向小园。疏影横斜水清浅，暗香浮动月黄昏 ”，写“小园烟景正凄迷，阵阵寒香压麝脐。湖水倒窥疏影动，屋檐斜入一枝低”。

徐志摩、郁达夫、鲁迅、李叔同

跟杭州有关的文人就实在太多了，这些人好多都写过杭州，写过西湖。好像朱自清，有好多散文写杭州，徐志摩和郁达夫都在1911年春双双考入杭州府中学堂（杭高的前身），两人同学了半年。后来分赴国外留学，回国后，徐参加了新月社，郁参加了创造社，双双成为中国近代文学史上的大师。他们二人的文字中，有关杭州的也不少。早年无知，看鲁迅似乎不怎么写杭州，后来才知道那时候他和许广平在杭州有情愫，因为是师生恋，怕多事，所以避而不提，所以看来不是不喜欢，是

喜欢不得的特别状态。胡乱想想，跟杭州有缘分的文人、政客有如王国维、章太炎、戴季陶、周作人、梁实秋、李叔同、马一浮、沙孟海、郁达夫、夏衍、陶行知、马寅初、蒋梦麟、蔡元培、周建人、丰子恺、沈尹默、沈钧儒、沈兼士、夏丏尊、张元济、张宗祥、钱玄同、范文澜、戴望舒、柔石、周信芳、柯灵、吴世昌、徐迟、穆旦、艾青、南怀瑾、金庸、黄宾虹、潘天寿、叶浅予、朱生豪、张乐平、吴昌硕、钱君匋等等，燕京大学校长司徒雷登也是杭州人，讲一口漂亮的杭州官话。一部中国新文化史，泰半和杭州沾上关系，这个城市就太特别了。

前年我也是来杭州，也是住在君悦酒店，那是初春，还下点细雨，下午5点来钟，游西湖的人开始从景区回城了，我和两个朋友走到“柳浪闻莺”湖边，有些船家来招揽生意，我看湖上只有回来的船，没有出去的船，就让船家送我们去三潭印月。小艇慢慢划出水面，水面很宁静，阴郁铅灰色的天水一色，只有我们这只小艇在划破静寂，我们在船上随意说点什么，在波澜不兴的水面上漂荡而去。两位朋友，一位是文化创意产业园的老总，另一位则是时尚杂志的总编，都是时尚圈子里的领军人物，在湖面上，忽然变得很沉默，因为离开了时尚，才发现更加时尚吧。我们后来在苏堤一段登岸，路断人稀，内湖去年的残荷好像一张大水墨画一样，笔墨苍劲、恣意纵横，灯光黯淡，泛出团锦一样的湿润的梅花、桃花葱茏来。那真是一个梦中的西湖，也是我在文学中看到的西湖。

三潭印月

那一夜随风吹散的话居然一点也记不起来了，但是对西湖的这个籍恋情结，则是永远打不开、解不脱的。一个城，能够给人这样的依恋，有多么精彩啊！

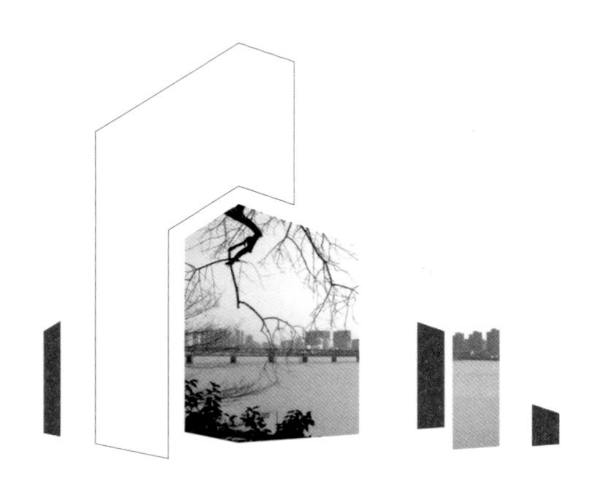

Up-growing City

PART . 3
City Deisgn

为城之道

“西子国际”在杭州市中心，是一个城市综合体类型的地标建筑，对建筑、规划、景观、室内设计我都很喜欢，而心里比较关切的就是能不能延续城市的文脉，也就是说设计的时候要考虑到“为城之道”的“道”能否在项目中延续和再现。

一个地方仅有景色，没有美食，说不上完整。好像去承德的避暑山庄，看看不错，吃饭就是河北油腻的菜式，完全和景色不匹配，感觉很遗憾。我走的地方多，到一个城市，很注意人们吃什么，也会跟着试试，久而久之，成了习惯。觉得真是吃了这里的菜，才对这个地方有立体的认识。我喜欢江浙、苏杭，除了地方好，饮食也好，是很重要的原因。这里说杭州好就好在山水一流，城市一流，其实杭州的烹饪也自成体系，是我喜欢这个城的原因之一。杭帮菜是中国重要的菜系之一，真是名不虚传。

徐志摩
《杭州日记》

我看故人游杭州的文章，也注意人家来的时候吃了什么，感觉如何，比如诗人徐志摩曾经有《杭州日记》，是他在1923年9月7日至10月5日去杭州的记录，他是浪漫诗人，说山水的美文自不在话下，而日记中时有谈到饮食，却很吸引我。比如9月29日，他记录是吃鲜红的菱角：

“菱塘里去买菱吃，又是一件趣事；那钵盂峰的下面，都是菱塘，我们船过时，见鲜翠的菱培里，有人坐着圆圆的菱桶在采摘，我们就嚷着买菱。买了一桌子的菱，青的红的，满满的一桌子，‘树头鲜’真是好吃，怪不得人家这么说。”

上：杭州楼外楼餐馆

楼外楼

八月十五中秋节，他去西湖边的名菜馆“楼外楼”吃饭，倒是没有记吃了什么，讲到中秋的憧憬，还是很美好的：

“我们开了房间以后，立即坐车到楼外楼去。吃得很饱喝得很畅。桂花栗子已经过时，香味与糯性都没有了。到九点模样，她到底从云阵里奋战了出来。满身挂着胜利的霞彩，我在楼窗上靠出去望见湖光渐渐的出黑转青，青中透白，东南角上已经开朗，喜得我大叫起来。我的欢喜不仅为是月出，最使我痛快的，是在于这失望中的满意。满天的乌云，我原来已经抵拼拿雨来换月，拿抑塞来换光明，我抵拼喝他一个醉，回头到梦里去访中秋，寻团圆——梦里是甚么都有的。”

他有时候和朋友一起外出，在西湖的船上吃家常菜，这可就吃得痛快了：

“……马君武也加入我们的团体。到斜桥时适之等已在船上，他和他的表妹及陶知行，一共十人，分两船。中途集在一只船里吃饭，十个人挤在小舱里，满满的臂膀都掉不过来，饭菜是大白肉、粉皮包头鱼、豆腐小白菜、芋艿，大家吃得快活。……我替曹女士蒸了一个大芋头，大家都笑了。”

说去吃杭帮菜，一般人肯定慕名要去孤山路上对着西湖的"楼外楼"。不过，"楼外楼"是国营店，对国营店，我总是留有余地，1956年公私合营运动之后，名牌企业尽归国有，招牌虽在，内容就越来越不是那么回事了。所以要吃杭帮菜，我不会去"楼外楼"的。这些年，除了人家请之外，我自己真是没有去过。好朋友美食家沈宏非说的"杭州楼外楼与其说是一家饭店，不如说是一个符号，登楼的食客与其说是为了满足口腹之欲，不如说是为了满足一个情结"。我看很是道理。

至于说吃杭帮菜有哪些必要吃的，我看一般的都走大路菜单，肯定少不了东坡肉、西湖醋鱼、龙井虾仁、莼菜、蜜汁火方、宋嫂鱼羹、叫化鸡和炸响铃。其中东坡肉是徐志摩说"得之，我幸；不得，我命"，杭州的东坡肉"进阶"的"酱方"，的确好吃得不得了，我也时时冒着胆固醇的风险吃上一块过瘾。不过来来去去吃这么几样，也时常找地方尝试新套路。前两年，我和几个朋友到杭州来看画廊，在老城区里凭感觉找新派杭帮菜，也真是找到不少精彩的去处。有些做法，比如用烤麸片夹蜜汁金华火腿片，就实在是淋漓尽致了。

杭州给我留下了太多的美好印象，以致一度我对于杭州发展的规划，只希望拆掉湖边那些违章建筑，对于旧城，仅仅希望保留。但是，一个人口日益增加的大省城，不可能用旧的结构来承载新的发展，所以，还是要兴建大量的住宅、公共建筑、商业建筑。经过二十多年的发展，杭州老城还依稀可循，而西湖则保护得越来越好，这一点，是让人欣慰的，也是我愿意到杭州出差的主要原因，这个城有自己的特色，像一个历史城市。

以前，在国内行走，无论多么破旧的城镇，总有自己的特点，就是县城小镇，也不乏历史遗留下来的特色。因此出差各地，速写本总是画得满满的。经过三十多年的轰轰烈烈的大建设，到现在，再在国内东西南北走走，我却基本不会有兴趣画速写，就是因为城市基本都成了一个模样，画出来的那些高楼大厦、超级市场、市民广场、通衢大道几乎一模一样，甚至连路灯也有全国一体化的倾向，政府机关像外国的国会，或者像希腊神殿，住宅小区不是托斯卡纳就是波托菲诺。在一个国家的经济高速发展背景下扩展城市，基础设施、公共建筑、住宅开发固然重要，但是一个城市如果没有了第二层次——人文内容，这个城市基本是失血而苍白的。可惜是在我们开始模糊地认识到这一点的时候，我们城市大部分的人文内容都已经在那个画个圈的“拆”字冲击下所剩无几了。现在提倡文化建设，提倡当然比不提倡好，但文化、人文、历史都是漫长时间里社会变迁的沉淀和积累，可不是一蹴而就，几个口号就能提倡出来的呢。重新将文化内涵注入这些文脉缺失的新城，可不是一件容易的事。杭州很幸运，就在于它还有因为西湖而维系着的一部分人文、历史的沉淀，虽经大整大改，但还依稀可循，让她依然拥有尚可抢救的人文层面的积淀，这样的城市，目前已经不太多了，因而更加弥足珍贵。

城市设计

任何一个城市都具有物理性和人文性两个方面，因此城市既是硬件的，也是软件的，城市设计是一个持续的工程过程，同时也是一个人文的、艺术的过程，城市的规划和设计不但要考虑到人们的需求，从物理层面满足城市居民使用的要求，同时也要照顾到人们的行为和习惯，比如方格形式布局对于一个城市是否合理，或仅仅是一个暂时的解决问题方式而已？城市的公共广场是市民的需要呢，还是一个反而会打消人们参与公共活动的信心的场所？凡此种种，这些问题看起来很理论，事实上却很现实。北京长安街的确宽阔宏伟，理应是一条很适合市民的街道，但是，事实上除了外地到北京的人之外，很少北京人会到长安街闲逛，因为它超大的尺度令人望而生畏，从而缺乏了亲和感，也就无法承担起尺度合适的巴黎香榭丽舍大道的功能来。当然具体原因还有待研究。同样的，韩国城市汉城的现代化水平虽然很高，却实在没有任何使人感到温情脉脉的地方，整个城市使人感到隔膜和疏远，它越现代，隔膜感就越严重，而同样是现代化的斯德哥尔摩则没有这个问题。日本中小城市都有一种宾至如归的亲和气氛，使你想呆下去，而中国东北地区的中小城镇却完全缺乏这种气氛。江浙的小城镇常有一种让人不忍离去的依恋感，城市的尺度宜人紧凑固然是一方面的原因，其实更重要的是城市综合因素的协调。城市的规划和人类行为模式的关系，实在是非常重要的。历史文脉性、尺度、细节处理、管理模式都会对城市的宜居性、亲和力起到重要的影响。因此，城市设计其实是一个综合系统工程，而不是一个简单的功能规划问题。

杭州是一个物理层面上很合理的城市，也是一个人文层面上积淀深厚的城市，这样的城市其实在国内并不多见。就以杭州和山水之间的关系来说吧，湖的体量大小和人文氛围的烘染之间的关系，就是极为少见的。我们有些城市妄自菲薄，开口就是要“打造一个西湖”，实在是太不懂这两个层面均衡、搭配之间的巧妙了。

文脉

文脉是一个城市形成的关键，文是指文明、文化、民俗的综合影响，而“脉”是一脉相承的“脉”，指承上启下的逻辑关系，有文明的承上启下，方才有城市，而缺乏文明承上启下关系的城市，就如同迪斯尼乐园一样，是人造的，人为的，而非真实的。最令人接受不了的城市,是那些一夜之间从蓝图上冒出来的所谓现代城，毫无生机、毫无人情气息，如果这种城市连绿化和景观都没有，就如同一个死亡之城了。

杭州是有她的“脉”气的。公元221年，秦始皇统一中国，建立了郡县制，在今苏南、浙西、浙东、闽北等范围内设置了会稽郡，郡以下分二十六县，二十六县中有一个钱唐县，这是杭州最早见于历史的记载。隋文帝杨坚在公元589年平定了南朝的陈，随即把钱唐县改为杭州，这是杭州一名在历史上的第一次出现。杭州的州治设在余杭县。开皇十一年（591年）迁移到凤凰山麓的柳浦，就是现在的江干一带。

隋代的杭州是今日杭州市区的一部分。隋炀帝即位以后，为了营建东京（今洛阳市），开始开凿以洛阳为中心的运河网，又在长江以南开凿和加宽江南运河，从京口（今镇江）绕太湖以东直达杭州。从此，杭州与首都洛阳之间有了直达的水路运输。这样，自从隋代江南运河的开凿之后，杭州就成为一个交通枢纽。

钱塘县

唐朝建国以后，传说由于钱唐的“唐”字与国号相同，从此改为钱塘。西湖是钱塘县的一个湖泊，所以原称钱塘湖，或称上湖。从钱塘县直到六朝，这个湖在县境以东，肯定不会称为西湖。隋唐时代，湖在县境偏北。五代十国时的吴越国建都时，城市移到湖的东边。西湖的名称就逐渐为人们所使用。等到北宋苏轼计划大规模疏浚此湖而上表朝廷时，他的奏折就称为《乞开杭州西湖状》，西湖一名便正式出现在官方文件中了。

上：巍巍铁桥锁钱江

下：气宇轩昂的钱王祠

钱塘县在唐朝初年，户口就已经超过十万，江干一带土地狭窄，于是市区向今西湖以东的平原发展。当时的杭州刺史李泌为解决水源问题，修建了著名的“六井”。所谓“六井”，其实是六处贮水池，用瓦管和竹筒分别从钱塘门、涌金门等处引入西湖湖水。这“六井”包括：相国井、西井、金牛井、方井、白龟井、小方井。

五代十国时期，景福二年（893年），吴越王钱镠建都杭州。钱镠因灌溉和城市需要而整治了西湖，也因为交通运输的需要整治了钱塘江，从而促进了吴越国和沿海各地的来往，日本、朝鲜等外国也通过钱塘江和吴越国建立了贸易关系。杭州开始在国际上显露头角。吴越国一共经历了五代七十余年，杭州一带比较安宁，生产力有了较大提高，城市也获得较快发展。

到了宋代，杭州从一个小国的国都退居到一个州的州治，但从规模上讲则依旧是东南的大都会。

北宋时，杭州的多任地方官都曾为杭州的发展作出过贡献，其中尤以宋仁宗时代的知州郑戬、沈遘以及苏轼的贡献为最。特别是苏轼，他曾两次到杭州任职，在职期间，疏浚了西湖，在湖中建筑了一条沟通南北的长堤，堤上修建了六座石桥以流通湖水，全堤遍植芙蓉、杨柳和各种花草。后人把这条长堤称为苏堤。苏堤春晓至今仍然是引人入胜的西湖佳处。

临安府
南宋国都

杭州到南宋成为国都，中原失陷后，宋高宗赵构仓皇南奔，于建炎三年（1129年）到了杭州，设置行宫，把杭州改为行在所，升为临安府。绍兴八年（1138年）正式把临安府作为宋首都，首都设置在杭州的时间长达一百五十年之久，这是杭州各方面发展达到登峰造极的时期，那时候杭州的农业、手工业、商业、交通运输业都发展迅速，教育事业也很发达。杭州成为一个国际都市。

马可·波罗
意大利旅行家

南宋德祐二年（1276年），元军进入杭州，繁荣了一百五十年的杭州遭到很大的破坏。13世纪末叶，意大利旅行家马可·波罗来到杭州，仍然情不自禁地赞叹杭州为“世界最名贵的富丽之城”，可见即便在蒙古人的统治时期，杭州的景观、物产还是非常繁盛的。

在整个明、清两朝的五百多年中，杭州一直都是浙江省的省城。清代初叶，康熙和乾隆也都仰慕杭州和西湖的繁华，曾多次南下杭州。直到鸦片战争之后，杭州才陷入长期的停滞。

这么一座城，自然沉淀丰厚，这个文脉关系，加上山水悠然的传承，导致它比其他城市更加需要深入的了解，才可以把握其特殊的文化特点。

多种多样的历史城市的形式，一直是城市规划人员、建筑师们在设计新城市时候的重要借鉴：如何布局街道，如何处理城市的不同区域，建筑的形式和尺寸，绿化的形式等等，都可以从历史的形式中找到借鉴。历史形成的众多的城市给我们提供了大量的参考，这些参考既包括了相当多正面的，也包含了失败的教训。其中欧洲的城市对现代城市的参考作用最大，这就是为什么迄今为止，在设计新城市的时候，欧洲的一些历史城市总是被拿来作为借鉴的原因。而在中国的城市中，除了方正格局的皇城要求之外，也有许多既有方格部分部件，也有有机形式、顺水顺山而布局的，杭州就是这种城市的一个典型。

对一座城市浮光掠影的感受和真实的了解是完全不同的。就在城市街头走走，也会以为自己已经很了解这个城市了，我见过一些年轻人，在巴黎住了一个暑假，便告诉我他们对巴黎了如指掌。但是当我和他们谈这个城市的时候，他们连为什么巴黎有如此之多的辐射状广场街道一无所知，对林荫大道的规划、对第二帝国时期的城市规划、对霍斯曼男爵对于巴黎城市面貌和形式的重大贡献，甚至对巴黎建筑风格的本身也是十分茫然，其实他们不认识这个城市。好像苏州、杭州这样的城市，底蕴实在太深，不是几个月、一两年能够了解的。苏州的作家陆文夫，在那里住了一辈子，才写出真正的苏州文章来，俞平伯、朱自清也是在杭州多年，才写得出杭州的感觉来。我以为，要了解一座城市，是要从它的历史，它的文脉来入手，否则是不可能真正认识一个城市的。要了解一个城市，除了在这个城市居住一段时间，除了熟悉这个城市的大街小巷、除了搞清东南西北之外，你还要跑到这个城市的档案馆、图书馆去找寻这个城市历史根底，才算开始，当你找到有关这个城市的历史的著作、历史照片，开始一头啃下去，城市的形态以及形成这种形态的原因开始逐渐浮现，你才开始认识这个城市。好多看似矛盾的东西开始出现原因，协调出现了，答案出现了，城市的形态也就有了原因了。因此，我自己反复强调这种文脉观，也希望所有参与城市规划、建筑和决策、立法的人重视历史和文脉，这样，城市方才有生命力，才能真正得到发展。

朗芳
法国建筑师

一个城市，首先是一个物理的存在，它包括了建筑、街道、运输和交通枢纽、功能区域、绿化区域，等等，如果没有居民，这些内涵仅仅是躯壳而已，因此，城市在具有文化内涵以前一直还是中性的。如果撇开内容不谈，仅仅谈形式，好像讨论法国建筑师朗芳设计的美国首都华盛顿或者法国波旁王朝时期的凡尔赛，却不讨论华盛顿建立的目的、过程、作为美国首都的内涵，或者波旁王朝建造凡尔赛宫的目的、凡尔赛的内容和活动，以及法国社会的变化的话，这种仅就形式的讨论就毫无意义了。谈杭州，不谈六朝、隋唐、两宋、明清和民国，单就物理存在的泛泛而谈，其实并无意义，而且枯燥无味，只有在加进了内容之后，城市才有意义。

因此，我们在这里讨论的城市形式不仅仅是形式本身，也是一个过程，一个程序。程序是历史的演进，有了历史，城市才有了性格，有了生命，有了内容。把历史程序抽掉来谈城市的形式，只能是空谈。

坐在湖边的小酒家，烫一壶黄酒，剥毛豆，看湖光山色，杭州实在是很美的一座城市。

Up-growing City

PART . 4
Sprawling

无限蔓延

2011年10月份，我去杭州象山的中国美术学院参加一个有关包豪斯文物收藏的学术研讨会，从市区去象山的路上，经过六和塔，我想起1975年在这个塔里给关起来的一段故事。

那个时候，走到钱塘江边，就彻底地出城了，六和塔是很偏远的地方。那次我们到六和塔写生，那个塔很大很高，“文化大革命”期间，没有什么游客，我们买了几分钱一张的门票，拾步而上，到了最高一层，可以看见宽阔的江面，也可以看见茅以升设计的钱塘江大桥。我打开速写本，在那里画了起来，殊不知同行的画家看完之后，叫了我几声，就下塔而去了。我画到下午5点钟的样子，忽而发现周边一个人都没有，赶快下塔，发现塔门已经锁上，不但我的一队朋友已经离去，就连看塔的那个老人家也下班了。叫唤无人听见，我只有再爬到顶层，在六和塔上大声呼叫，足足叫了半个小时，才有一个骑自行车路过的农民听见，赶快到附近的村子里找到那个管理员，开锁放我出来。时隔多年，我早已淡忘了，这次看到六和塔，却忽然想起，可想当年杭州的清净水平。而现在，六和塔旁边尽是高端的楼盘，过了“九溪玫瑰园”，就是我前几年和建筑师戴维·齐彭菲尔德（David Chipperfield）做过对话的“九树”社区，再下去，是新城区转塘，城市扩展得如此之快，令我这个曾被困于六和塔的人感觉到特别的惊异。这种城市发展模式，就是城市蔓延了。

戴维 · 齐彭菲尔德
David Chipperfield

上：洛杉矶的蔓延——图中高楼处是市中心，城市早已蔓延得满山遍野了

现在我们建造城市，基本都是有多大需求就做多大，城市无止境地朝外扩展，已经大到不方便、没有人情感觉的地步了。在讨论建筑形式的时候，我老是想问：这个城市的边缘在哪里啊？没有边际的城市不是个城，就是一摊建筑物而已。洛杉矶失败了，我们中国的城市没有必要再像它那样为失败付出巨大代价啊！

城市扩展太快，有好多问题是肯定会出现的。首先是传统没有了，传统的城市在不假思索的拆迁下打着发展的名义消失了，这实在让人心疼。好几年前，在网上看过有个挪威的建筑师写了一篇文章，其中提到一个概念：中国城市深圳化，也就是说全中国的城市现在像深圳一样，看了有点不知所措的感觉。他说："这些年来，中国经济飞快发展，甚至超过了英国工业革命时期，今天的辉煌几乎能和唐朝相媲美，唐朝时期，欧洲不过是一个泥泞的小村庄。我非常喜欢中国，自从我在16年前进了这个国门，就住在这里不走了。但让我忧心的是，中国的每个城市看起来都像深圳——中国城市的楷模。深圳大概是想模仿香港，香港想模仿纽约。实际上他们都失败了。许多曾经很漂亮的城市，旧的楼房被夷为平地，高楼大厦争先恐后地出现，像一根根筷子，里面用同样的

上：北京城的蔓延——北京城市规划局所见

白瓷砖装饰，外表风格不统一。每一样东西都必须是最新的、最高的、最大的。如此荒唐地破坏一个国家的整体建筑风格，带来的一个直接后果就是，人们再也看不到历史悠久的中国了。”因此他说：“ 1999年，我再次来到北京。我发现自己很傻，为什么不保留着对北京的记忆？……我在失望中离开了北京，再没去过。不想再去了，有何区别？另一个深圳而已。没有灵魂，没有魅力，不适合人类居住。 ”

看见他这么说，我倒一点都不觉得奇怪，中国经济发展得实在太快，城市建设也实在太快，我们连思考的时间没有，城市就建起来了。深圳是1978年前后才开始建设的，当时我来这个城市，烟尘滚滚，规划建设的边缘就在现在岗厦那里，出了上海宾馆就是泥路了，整个罗湖区就是那个时候建造的，现在已经是严重的滞后了，一个规划仅仅只有二十来年历史的城市，居然已经老化，这个规划概念的落后也就显而易见了。

2007年4月，我和英国建筑家戴维・齐平菲尔德做了一个对话，主持人是清华大学《世界建筑》的总编王路先。齐平菲尔德是国际建筑中举足轻重的大师之一，作品很多。我们在他设计的一个靠近龙井的住宅区里对话，客厅后面就是一片茂密的竹林，这次的对话的记录，在《世界建筑》和《室内建筑师》两本杂志上发表了。我在会谈中问他对于中国城市发展的看法，特别提到了西方都市化、郊区化、新都市化三个阶段，我问他如何看待中国城市规划的未来，是不是应该借鉴英国人提出的“花园城市”（Garden City）概念，作为城市发展的一种类型。

花园城市
Garden City

他回答得也很干脆：“我认为目前的中国不是在建设花园城市。你们城市建设没有花园，你们都在拆毁……在中国，好像你们有用不完的农用地用来开发，来创造更多的价值。这时，城市的概念开始迷失了。因为城市不再是一个具有明确定义的东西了。如果我理解正确的话，在中国，城市的象征是一道墙。是吗？”

他反复提出城市应该有边缘概念，我觉得他点题点得真准。城市有界限和边缘这个意念，其实是我们的传统，却是连我们自己现在都忘记了的。在汉字中，“城”既是“城市”，又是“城墙”的意思，和英语显然不同，以城墙代表城市是中国的传统，西方的“城”原来叫做urban，来自拉丁文中的urbs，是指的城市内的生活，是生活形态的意思，与墙一点关系都没有，而城市是city，和“公民”（citizen）、“公民的”（civil）、“市政”（civic）、“文明”（civilized）、“文化”（civilization）相关，讲的主要是组织行为下的一种生活方式的基本结构。这点可以参看李允鉌先生的《华夏意匠》一书中有关城市规划的章节，那本书我认为是写中国传统建筑写得最好的一本。

郊区蔓延
suburban sprawl

城市蔓延，这个词是从英语翻译过来的，原来叫做“Urban sprawl”，也因为城市蔓延就形成了郊区化，所以也有称之为“郊区蔓延”（suburban sprawl）的，也有干脆叫做“郊区化”（suburbanism）的，这个术语是个多元化的概念，总的来说是指从市中心朝郊区发展，在西方主要是形成低密度的郊区居住区，占用农田，也用此来描述土地功能分隔使用——住宅区、商业区、就业区分开，更加用来描述依靠小汽车的城市发展过程。中国现在也到处是城市蔓延，不同的是西方城市蔓延形成低密度的郊区，我们的城市蔓延形成依然是高密度的郊区。研究城市蔓延的学者大部分认为城市蔓延是城市人口急剧增长不可避免的结果，也有学者认为这个过程是一个非中央化的过程，使得城市形成多中心，失去单一中心，因此有民主化的成分在内。这种横向的城市朝郊区的蔓延，发展到20世纪80年代已经问题丛生，因而才出现了一批规划、建筑专家提出了返璞归真的“新都市主义”（new urbanism），在西方逐步热起来，到现在蔚为成风了。

新都市主义
New Urbanism

中国经历了20世纪八九十年代比较集中在市中心的开发之后，住宅开始朝城市郊区蔓延，这几十年来，大城市周边漫山遍野的住宅区，一望无边，这种情况，和美国在战后几十年经历过的叫作“郊区化”的住宅社区的开发模式非常接近。

说到美国城市的发展，我想很容易分成三个大阶段，第一个阶段是城市化，产生了许多大都会，由于城市密度越来越大，开始从城市中心向外围建造了许多高速公路，公路的方便，造成了许多位于城市郊区的社区，这是第二个发展阶段，叫做郊区化。郊区化是城市蔓延的结果，美国从第二次世界大战之后就开始了郊区化过程，结果使得城市范围越来越大，城市中心的中产阶级都逐渐住到郊区社区里，上班进城，下班出城，而美国大多数的大城市的市中心除了作为办公空间之外，居民越来越少，留在市中心的人大部分是穷人，城市空洞化，外围的社区也渐渐成为“睡城”，人们每天耗费在开汽车路途上的时间也越来越长。到20世纪80年代，有些规划家、建筑师提出要重新振兴被荒废的市中心，并且在郊区住宅社区的开发中也灌注入老城市的概念，步行为主，人车分离，步行道宜人，建筑突出老城的人情味，这股风气，就是西方城市发展的第三阶段，叫做“新城市主义”（neo-urbanism）。

新城市主义
Neo Urbanism

因此看来，全世界城市发展第一个阶段都是城市化（urbanization），这是我们现在所面临的一个大趋向。所谓城市化，是指一个城市区域的物理性扩张过程，在全球化经济的前提下，城市化的速度越来越快，影响的面也越来越大。过程的中心之一，就是周边农村的人口大量地移居到城市内，联合国曾经在几年前估计，世界上大概有一半的人口是居住在城市里面的，也就是世界平均城市率在2008年已经达到了50%了。城市化和现代化、工业化密切相关，是理性主义的社会过程。有好多城市在短短的几十年中人口猛增几倍，甚至几十倍，比如19世纪的芝加哥，今日的北京、上海，都属于这类城市化发展极快的例子。目前西方发达国家的城市化速度已经放缓，而在发展中国家则仍在加速，中国、印度是全球城市化速度最快的国家。都市化产生的原因是多元的，当然主要是工业革命造成的新社会形势导致的结果，工业化需要集中劳动力，减少时间的消耗，集中运输、教育、居住、就业，造成了城市化加剧。城市的机会肯定比农村大得多，生活也更加多姿多彩，寻找工作机会的人们便从四面八方迁居到城市中来的。

联合国 2005年关于人口问题的报告，非常清晰地反映了一个世纪以来城市人口的变化情况，1900年是2亿2千万，占全世界总人口的13%；1950年，城市人口达到7亿3200万，占世界人口29%；而到2005年，全世界城市人口达到了32亿，占全世界人口的49%。不过，对于未来城市化的发展趋势，不同的学者有不同的看法，并不是所有的学者都认为会无限地发展和扩大化的。法国经济学家菲利普·波奎尔（Philippe Bocquier）在《未来》杂志（*The Futurist Magazine*）上撰文说：估计到2050年，城市人口会稳定在50%的水平，不会有太多的增加了，这和联合国估计的到2050年城市人口超过60%有很大的差异。波奎尔估计的依据是他认为因为无限制的城市化不具有可持续性，因此迟早会受各种因素约束而减缓的。波奎尔和联合国报告都认为人们会持续不断地涌向城市，移居城市，但是不同的地方在于波奎尔认为有一部分人在城市住了一段时间之后发现城市并非理想的生活之

菲利普 · 波奎尔
Philippe Bocquier

地，而会选择离开，回乡回家，这个外移，造成城市人口会在一个高峰之后出现回落的情况。这是为什么他认为城市人口会维持在50%的水平的原因。

2007年的联合国世界人口报告提出：2007年以后，全世界93%的城市化、城市扩展都是在发展中国家中，亚洲和非洲两个洲便占了80%。

西方发达国家的城市化水平很高，其中美国、英国这些国家的城市化比现在中国、印度的比率要高得多，但是城市化发展速度已经减缓，并且有逆转的趋向。

从某种意义上来看，一个区域的开发和建设，是一个大规模的公共艺术，而设计一个都会区，则是人类文明史中最为雄心勃勃的努力。我们从法国皇帝路易十五开始努力改造巴黎，甚至把法国建造为一个周边有要塞保护、而本身是近乎花园的国家的时候，就可以看到人类在这方面的野心有多大。从1851年的伦敦世界博览会，到2010年上海的世界博览会，都可以看到人类在改天换地的重新规划、美化一个区域上有多么大的能力和决心。而在美国、加拿大这两个北美的国家一百多年来的努力中，则显示出另外一种努力，与法国、中国这类从上而下根据中央政府旨意的开发不同，美国的地方政府在开发规划、建筑法规等许多方面有更大的权利，因而他们的城市开发，就包含了许多本地的探索和解决方法，从而显得具有比较多的多样性特点。但是，正由于美国的城市发展模式基本由地方控制，这种自下而上的城市发展方式，也导致了不少美国城市在规划上的遗憾。在美国，城市差异很大，虽然在总体方面，因为联邦政府通过“宅地法”（Homestead Act），造成土地分划工整、方块的格式，大部分城市都采用方块布局这种来自英国的规划方法，但在开发模式、城市形态、小区布局上，地方之间每每不同，有成功的，也有不是那么成功的，优点也在于多元，缺点也是在于过于多元。在这种情况下，到底是选择一套模式造成的中国现代这样的全国城市一个模样的效益型做法好呢，还是美国式的地方自己选择、全国城市各个不同的慢发展模式好呢？真是仁者见仁、智者见智了。

在现代城市开发中，指导性因素是决定性的，而指导性因素往往有三种类型，分别是：

1.由社会动机决定，称之为社会性规划，这种规划和发展模式，受城市产生的社会、政治驱动，符合社会需求、政治目的；

2.由环境决定，称之为环境性规划，这种规划和发展模式，受开发区域具体的地形、植被、地貌、环境影响，规划是为了适应环境，这种规划不移山倒海，而是顺应环境而做的；

3.由交通系统决定，称之为交通系统导向规划，这种规划受交通体系的影响，受交通系统而决定形态，交通系统好像骨干，而城市好像挂在骨干上的肉一样，一种具有骨干形态的设计思想。

这三种方式发展起来的城市我们其实都看见过，就杭州本身来说，其实受这三种因素刺激而形成的区域均而有之，城市越大，影响城市发展的因素越多，要整治好、规划好，就越不容易。

说到中心大城市的蔓延，按照领土大小来说，美国并不多，除了少数几个中心大城市周边受城市化影响很大之外，美国多数地区的城市，一直维持在中小城镇的水平，这部分城市的生活品质因而相对比较高。但是整个加利福尼亚地区就是美国都市化发展最畸形的地区了，漫山遍野的开发，造成了许多的社会问题。也刺激了新城市主义概念的产生。城市化的形式，就是城市圈蔓延扩大，郊区化和城市蔓延是同步的。英语中叫做“urban sprawl ”，或者“subruban sprawl”，就是讲的这个过程。郊区化肯定是低密度发展城区，也就造成高度依赖小汽车作为交通工具，结果是大片的农田被占用，开发为住宅区和综合社区，造成的后果非常恶劣，总结起来有这么几个方面：上下班距离越来越远；高度依赖私人汽车作交通工具；各种设施的低效率使用，比如文化设施、健康设施等等，人均基础设施费用高（higher per-person infrastructure costs.），这样向四面八方泛滥的小区开发，导致民众的审美水准、审美价值观每况愈下（perceived low aesthetic value）。

反蔓延
Anti-sprawl

因此，在最近二十多年来，西方国家出现一种反蔓延的风气，英语叫做anti -sprawl，当然，由于城市向郊区扩展，支持扩展城市、走郊区化方向的人也有自己的一些说法：

独栋洋房、占地较大，生活品质优异；

土地价格较城市中低廉；

郊区社区之间合作，会导致产生比较好的公立学校；

有可能减少通勤车辆和污染；

大部分居民欢迎郊区生活，而不再喜欢住在颓败的市中心区域了。

关于城市蔓延、郊区化的整顿等问题的争论，在西方规划界、建筑界已经延续多年了。我记得1980年代中期到美国，就看见各种研讨会争议这个问题，不过，有时候感觉是大家的定义上并不一致，比如郊区化、城市蔓延化的定义，有些人是按照每平方公里的人口密度来计算，而另外一些人则是比较泛意地来讨论，并不主张有比较数据化的统计作为依据的。有些人认为讨论这个问题，应该使用统计学的方法，这样可以比较容易界定问题，主要是要有一个单位面积的人口密度标准，否则就流于空泛了。

在国内，差不多所有的大城市都有城市蔓延无休无止的问题，说到西方，比如美国这样高度城市化的国家，提到城市蔓延，一般人立即想到的会是纽约、旧金山、洛杉矶、芝加哥这种大城市，其实这类大城市已经经过了城市化、城市蔓延（郊区化）的阶段，扩展规模和速度现在都减慢了。而其他一些城市则有快速扩展的情况，比如内华达州的拉斯维加斯市是很独特的一个例子，这个州从1990年以来，是美国城市发展最快的十个州之一。

英语中的“郊区”（suburb）在很大程度上就是指的城市的住宅区，城市外围的独立住宅社区，有些比较大的住宅社区，已经有部分的政治独立权，形成美国的“市”（city），现代的郊区社区之所以出现、成为发展的主流类型，是因为城市化发展太快、郊区有大量可以开发的用地、轨道交通便捷、汽车普及、公路网形成的结果。因此，开发的条件就在于：需求不断增加、土地资源丰富、交通条件优秀，因此，在美国和加拿大，说到郊区，往往和具有独立自治能力的社区相关，或者是具有市的权力的市级社区（municipality），或者是英式的镇（borough），或者是城外的社区管理独立的住宅区（unincorporated area）。

新都市主义是一个城市规划设计运动，从1980年到1990年期间日益成为城市规划中一个越来越受到关注，越来越多被探索、试验的方向。新都市主义的目的是要改变影响城市发展的方向：1）房地产直接影响的住宅区的规划与设计；2）都市的扩展和规划方向。因为涉及如此大的两个方面，因此新都市主义关系的内容非常庞杂，其中比较主要的包括在新的开发区采用造新如旧的方式，英语称为“suburban infill”，和在市中心的改造的时候采用造旧如旧的方法，英语中称为“urban retrofits”，这两个主要方面。

造新如旧
Suburban Infill

造旧如旧
Urban Retrofits

新都市主义有几个主要的原则，其中最重要的是行人为中心的邻里规划原则，英语称为“walkable neighborhoods”，第二个原则是在一个社区中包容多元化的住户、提供多元化的工作机会。新都市主义在城市的区域发展中支持规划开放的公共空间，在建筑上提倡适度的开发，而不是那种高容积率的浩劫性开发方式，并且特别强调在开发工作的时候重视就业和住房的平衡性比例。新都市主义者认为这些策略能够最大限度减少人们现在上下班浪费在路途上的时间，减少通勤用的机动车对于能源的浪费、对于生态环境的破坏、对于大气的污染，新都市主义的另外一个重要的原则就是给更多的人提供他们可以买得起的住宅，英语中称之为“affordable housing”，最终达到控制城市发展无边无际地向四面八方蔓延的趋势。

对于历史建筑和城市的历史区域，新都市主义提倡全面的、精心的保护和改造，特别突出的是对旧工业区的重新使用和改造。这种区域在《新都市主义宣言》（*The Charter of the New Urbanism*）中被称为“棕色地带”（brownfield land），因为新都市中保护了若干新元素，比如混合建筑和区域（重新提出商、住、办公混合建筑群就是其中一个很突出的特征），还有就是企图在规划上体现私人汽车以前的城镇形态，因此，有些人把新都市主义也称为“传统邻里设计”（traditional neighborhood design）。

《新都市主义宣言》
The Charter of the New Urbanism

后现代主义很关切的一个问题是城市理论，后现代主义的建筑家对于现代主义彻底改变了原来的温情脉脉的、邻里性的、缓慢的城镇面貌非常不满，因此希望通过城市规划的改变来改造这种刻板的、工业化的大都市生活方式和面貌。

从设计实践来讲，后现代主义的城市规划方案基本建立在两个主要的方向上，一个是采用古典的方法和城市尺度，改变原来工业化城市的单一面貌和过大尺度，从而加强城市的亲和力，增加居民的交往，也增加城市的历史文化含量；第二个方式是使用美国通俗文化的方法，使城市的趣味性增加。后现代主义的城市规划理论因此也主要在规划上、小区设计上和建筑类型设计上这三个方面同时进行，以达到丰富的城市文脉性为目的。

科林 · 罗威
Colin Rowe

从规划上对现代城市进行后现代主义改造的重要设计家之一科林·罗威（Colin Rowe），希望能够采用文艺复兴的罗马风格来改造现代城市。1987年，他提出了罗马“奥古斯都大帝广场”的改造方案，这是他与美国康乃尔大学“城市设计工作室”的学生一起进行的设计项目。建立一个文艺复兴式的、四周有建筑环绕的中庭广场，与外部的现代环境隔绝开来，是他的理论的具体表现。

挪威的克里斯蒂安·诺伯格-舒尔兹（Christian Norberg-Schulz）是后现代主义城市规划理论的重要代表人物，她大力推崇建立具有古典风格的城市文脉，她提出城市的建筑、小区和规划都应该达到与城市的“地点的结构”（place of structure）吻合的目的，所谓“结构”就是城市具有的文脉体系，这个体系或者结构是与城市所在地点、具体的环境分不开的，因此，她希望能够建立具有一贯性的、历史性的、延续性的城市文脉关系。

克里斯蒂安 · 诺伯格-舒尔兹
Christian Norberg-Schulz

克里斯蒂安·诺伯格-舒尔兹很推崇意大利后现代主义建筑家保罗·波多格西（Paolo Portoghesi）的设计探索。他的设计基本是从城市总体改造角度来恢复古典风格的，比如他在1981年设计的意大利塔奎尼亚市的住宅公寓建筑群，1987年设计的阿西亚市的露天剧院，都具有非常明显的古典主义复兴的特点，其目的是通过建筑、小区设计，来逐步恢复这些具有悠久历史的意大利城镇的古典风格，来对抗现代主义对于城市文脉的逐步侵蚀。

保罗 · 波多格西
Paolo Portoghesi

保罗·波多格西是极力推动城市规划和建筑走复古式后现代主义道路的主要人物之一。1980年他在意大利的威尼斯双年展中举办了第一次“国际建筑展”，在这个展览上，他有计划地展出了有关复兴城市历史面貌的后现代主义方式，引起广泛的注意。这个展览包括了相当一批后现代主义建筑家对于城市规划、设计的作品，比如文丘里、里卡多·博菲等人都有作品展出，在后现代主义建筑和城市规划的发展上，这次展览具有很大的促进作用。

国际建筑展览
The International Building Exhibition（IBA）

德国的后现代主义建筑家也在同时进行了类似的探索和宣传工作。前西德曾经在1957年举办过一次推动现代主义、国际主义风格城市规划和建筑的展览活动，称为“国际建筑展览”。1979年，一批后现代主义建筑家采用同样的名称在柏林举办“国际建筑展览”（The International Building Exhibition），简称“IBA”，以与1957年展对抗。这个展览的副标题是“重建城市”（The Reconstruction of the City），展出作品有计划地全部否定和反对现代主义、国际主义风格的城市规划和建筑。他们以当时东柏林的“斯大林大街”的刻板、划一、缺乏人情味的现代主义面貌来批判现代主义城市规划的极权主义色彩，这个展览的主持人是德国建筑家约瑟夫·保罗·克莱豪斯（Josef Paul Kleiheus），而展览中表现最突出、最积极的是卢森堡的建筑家罗伯特·克莱尔（Robert Krier），这位出生于1938年的建筑家设计了不少建筑，特别是为展览而设计的柏林劳什大道的“门户公寓”建筑（1980—1984年），突出地表现了对于现代城市进行后现代主义改良的主张和方式，非常引人注目。他的作品采用标准的“戏谑的古典主义”方式，加上雕塑装饰，与意大利建筑家提出的古典复古主义方式非常不同。

上：小城的街市，为居民提供生活上的方便

列昂·克莱尔
Leon Krier

罗伯特·克莱尔的兄弟列昂·克莱尔（Leon Krier）也是一个建筑家，他对于城市规划和建筑的态度具有非常极端的立场，他对于改良的、调侃的、戏谑的后现代主义方式不太满意，而希望能够全面进行复古。他是最积极推动对于欧洲民俗建筑和古典建筑复兴的建筑家，曾经提出各种方案，改造城市面貌，比较突出的例子是他1986年设计的改造伦敦斯皮塔菲尔德市场的计划，采用了典型的复古手法，希望把这个市场改造为文艺复兴前后的形式。他对这个市场的规划和建筑作了非常详细的设计，提出了具体到人行道、广场、建筑类型的整个的计划，希望能够通过统一的设计将这个市场建成一个具有古典风格的场所。

上：佛罗里达海滨城，小城中心区

列昂·克莱尔的复古式城市规划构思是非常明确的，他认为现代建筑把城市变成缺乏文脉的、冷漠的、机械化的钢筋混凝土森林，他的目的是要改变这个面貌，使之重新成为具有人情味和文化内涵的居住和工作的中心。他为了改造城市，也提出了一系列不同的建筑和建筑群设计方案，比较突出的作品包括他1981年设计的“劳伦提姆住宅群”，1985年设计的美国佛罗里达州的“海滨住宅”。前者具有全面的复古特点，按照他的规划，城市应该具有中世纪、文艺复兴式的类型特征，这样才能够达到高文化含量的目的；后者则是把多种历史风格混合使用，特别是古典主义和民俗风格的混合，这个设计方案得到采纳。在美国佛罗里达州建成的整个居住区，每栋独立住宅的建筑设计都具有他的设计特点，基本上都由他亲手设计，因此具有很高的趣味性。当

上：可爱的雪糕小店

下：佛罗里达海滨城住宅区内的小广场

然，这是在佛罗里达州空旷的野外建造的新区，虽然建筑本身具有某些古典主义和民俗建筑的符号特征，但是整个区域却依然没有能够出现和达到欧洲式的文脉的目的。这个居住区的设计，反映了文脉的人为“建立”几乎是不可能的，它只能存在于真正的文脉之中，而无法人为创造。但是，这个项目也反映了后现代主义城市规划探索的水平和发展情况。

新传统方法
The Adjective Neotraditional

其实，新都市主义是包含了传统都市规划的许多内容，再加上一些新的构思，从理论上描述，是基于从属性的新传统方法（the adjective neotraditional）的现代住宅设计方向。

被称为“从属性的新传统主义”的新都市主义其实包含了很复杂的内容，现代主义建筑界认为它是一种风格。但我觉得不仅仅是风格，因

上：列昂·克莱尔主持设计的佛罗里达州“海滨城”（Seaside, Florida）住宅新城

下左：佛罗里达海滨城住宅（一）

下右：佛罗里达海滨城住宅（二）

为它的目的性很突出，是在交通日益恶化、居民的人际关系日益疏远、对汽车的依赖越来越严重、城市无限度的扩张蔓延、周边土地大量耗竭的背景下通过规划企图扭转恶劣局势的一种明智的选择方向。战后房地产在郊区四面八方延伸的开发，在西方国家，特别在美国被证明是一种失败。人人要依赖汽车，人人要依赖高速公路，国家对能源的无止境的需求，已经显现出严重的后果，新都市主义就是针对这种情况提出来的。当然，新都市主义在规划上依托了某些传统都市规划的手法，但是它的核心思想是崭新的，是为当代人服务的。

海滨城内的小教堂

Up-growing City

PART . 5
Return to the City

回归城市

“西子国际”这个项目在杭州的市中心，采用高层、综合体的方式，建造了一个多元化的新市中心区，的确让人很振奋：城市发展终于走过了简单郊区蔓延、市内高层住宅两个比较粗糙的时期，进入到新都市主义的核心阶段了。

左：市政府举办的“加拿大日”庆祝游园活动，参加的市民很踊跃

右：加拿大密西索加市府大楼建筑群及广场上的野牛雕塑

右页：加拿大密西索加市府大楼主楼大堂的入口

后现代主义

爱德华·琼斯
Edward Jones

麦克·科克兰
J. Michael Kirkland

其实，早在后现代主义刚刚开始的1980年代，西方已经有人提出要改造、重建市中心了。不过当时绝大部分的人还生活在郊区化田园牧歌的梦中，没有意识到市中心综合体的重要性而已。对于城市的后现代主义式的改造，也不仅仅局限于欧洲和美国，其他西方国家也有一定水平的探索，其中比较突出的是加拿大建筑家爱德华·琼斯（Edward Jones，1939年出生）和麦克·科克兰（J. Michael Kirkland，1943年出生），两人于1982—1986年设计的加拿大密西索加市政府大楼建筑群，采用了折衷主义的手法，古典主义的形式和符号、具有某些现代主义特色的钟楼建筑，拼合在一起，是典型的具有戏谑特征的后现代主义作品，而建筑家的期望是以此作为一种试验，提供城市改造和重建的模式。

上：凡德霍夫设计的巴黎十八区的阿伯撒斯剧院

查尔斯 · 凡德霍夫
Charles Vandenhove

彼得逊、里特伯格
Peterson, Littenberg

后现代主义的城市规划在欧洲的发展空间比较大，原因是欧洲的历史悠久，许多城市已经存在相当数量的旧区域，仅仅加以改造，在新建筑上赋予某些传统建筑的符号和形式，就能够取得比较理想的效果。比如比利时后现代主义建筑家查尔斯 · 凡德霍夫（Charles Vandenhove）1978年在比利时的古城列日的一个旧区“霍斯—沙托”进行的改建设计，就是在一个旧区中间，加建具有与旧建筑风格类似的建筑，色彩上则比较鲜艳，建筑群中间的街道保持旧式的铺石路面，中间设计一个色彩明快的小屋入口，增加趣味感，整个设计既传统又现代，是后现代主义改造旧城区的很好的例子。而法国建筑家彼得逊和里特伯格（Peterson

上：凡德霍夫在列日设计的公寓区

下：凡德霍夫1992年设计的阿姆斯特丹公寓——Da Costakade，具有明显的后现代主义风格

Littenberg）在1979年设计的巴黎哈尔斯区改造方案中，也体现了类似的方法。他们采用了法兰西第二帝国的城市规划方式，来改造新城，在布局上注意放射性的道路布局和小区的风格趣味感、文化性的突出表现，相当不俗，很受重视。这个规划是投标项目，最后未被采纳。

彼得逊和里特伯格这两个建筑家在改造城市的方式上，比较注意娱乐性和古典主义的结合，因此他们的设计都不至于因为复古而单调，他们1986年在美国田纳西州设计的一个称为“米勒公园”的办公楼建筑群设计上就体现了这种把古典风格和娱乐特征结合起来的特点，建筑和区域设计因此比较轻松。

里卡多·波菲
Ricardo Bofill

塔勒建筑事务所

巴洛克村

在用后现代主义风格来改造现代主义城市上真正引人注目的是西班牙建筑家里卡多·波菲（Ricardo Bofill）。波菲1939年生于西班牙，对于西班牙“新艺术”运动大师戈地非常崇拜，而且逐步对现代主义建筑和城市规划感到不满和厌恶，学习建筑的时候就立志要与柯布西埃的现代城市思想对抗，以人情味、文脉风来改造现代城市的冷漠、缺乏人情和趣味感。他成立了自己的建筑事务所——“塔勒建筑事务所”，在法国等国家进行了大量的建筑设计，并且尽量找寻建筑群和小区设计，以表达对于城市改造的立场。他集中于设计各种类型的住宅公寓群，通过住宅群设计来探索可能性。比较重要的项目包括1964—1968年在西班牙的流斯（安东尼·戈地的出生地）设计的“戈地小区”，1966年在西班牙的拉·曼扎列纳设计的一个公寓—旅馆综合性建筑，这两个设计使他得到国际建筑界的重视。他大胆地突出折衷性，使用各种历史建筑的特征，形成夸张的、混杂的形式，而不失典雅性，很是突出。但是他的希望依然是城市规划和改造。

1971年，他参与了法国一个小教堂和周围区域的设计，通过这个项目采用了戈地和戈地崇拜的法国大师维勒·列·杜克（Viollet le Due）的手法，把现代建筑结构和高度的装饰性，特别是折衷使用历史因素的方式结合起来，是他成功的第一件作品。通过这个设计，他开始形成了设计一个大型建筑和周围区域的方式，因而逐步发展出自己的设计模式来。他在1979—1986年，在巴黎动手设计一个叫“巴洛克村”的住宅区规划，利用高度折衷的方式来建造一个半封闭式的居住小区，这个住宅区设计为圆形的建筑群，围绕一个圆形的中间广场，四面的建筑都采用典型的古罗马屋顶结构和玻璃幕墙的立面。两种类型的风格形成强烈的对比，是他有意识发展的冲突型折衷风格。这个建筑为他日后的一系列类型的小区设计提供了研究的基础。

奥尔号公寓

1978—1984年，波菲在法国蒙特佩利设计了他最著名的住宅小区"奥尔号公寓"，这个项目是"巴洛克村"方案的继续和延伸，也是以住宅建筑围绕中心广场的形式组成，形式复杂，采用规整几何形状，以方形、半圆形连续交错扩展，组成丰富的几何空间，而外部则采用了粗壮的古典柱式作为装饰，形态独特，因此引起广泛注意，几乎所有讨论后现代主义建筑的著作都介绍这个建筑群。

对波菲自己来说，这个建筑是他对于现代城市改造的探索，它包含了密切的人际关系处理（利用中间庭院），风格的文化内涵（采用了大量古典建筑的符号，特别是古典主义风格细节和构造），也建立了在统一中的个性特征，这些，都是他希望在未来的城市中能够达到的效果。

我这几年曾经在杭州周边看了好几个开发区，上面提到的几种类型的开发形式都已经出现了。中国城市发展太快，以致使得西方具有前后逻辑顺序出现的发展阶段在中国是同时涌现的。因此，需要解决的问题，也不是西方城市规划、建筑专业人士能够容易做到的。

"西子国际"在这个时刻出现，并不是偶然现象，这是中国城市发展到达一个新阶段的必然，是一个转折点，力图为城市未来开发提供一个典范，引领城市发展的方向。

画家笔下1873年的纽约

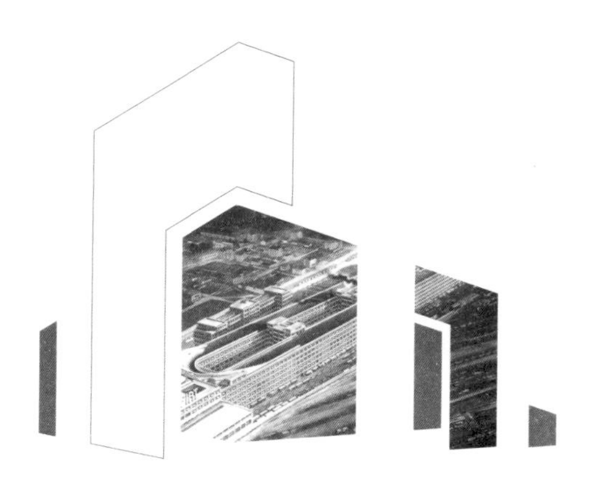

Up-growing City

PART.6
Futurism

“未来”主义

看“西子国际”的前卫性，在于它的就业、商业、交通、居住、娱乐浑然一体的设计概念。如果从历史上看看，最早提出这类概念的是意大利的几个青年人，而他们做这个梦的时候，第一次世界大战还没有爆发呢！

意大利未来主义建筑作品——位于灵谷托的菲亚特汽车试车场（Fiat Lingotto Veduta），建于1928年

下左：意大利未来主义建筑作品——桑塔·玛丽亚火车站供热工厂（Heating Plan at Santa Maria Novella Railway Station, 1935）

下右：意大利未来主义建筑作品——玛佐尼（Mazzoni）设计的中央邮局（Centra Post Office, La Spezia, Italy）

现代建筑开始发展的20世纪早期，意大利“未来主义”出现，是从竖向综合体开始探索的，可惜发动“未来主义”建筑的建筑师自己在第一次世界大战中阵亡，这个运动就夭折了，留下的仅仅是一些手绘图的概念，不过仅仅就这些概念，已经足以激发战后好多设计师对竖向综合体的设计热情了。

1934年建成的意大利佛罗伦萨桑塔·玛利亚火车站，是一座未来主义的建筑作品，至今仍在沿用。（Main Controls Cabin,Santa Maria Novella Railway Station,Florence,1934）

上：意大利佛罗伦萨桑塔·玛利亚火车站

下左：意大利佛罗伦萨火车站内的候车大棚

下右：桑塔·玛利亚火车站

睡城社区
Bedroom Community

现代城市在20世纪开始的时候开始蔓延，方式总是两个：比较简单的方式是横向的、低密度蔓延，形成大规模的郊区，形成了庞大的“睡城社区”（bedroom community），也有朝纵向发展的，比如曼哈顿、芝加哥，但是纵向的大部分是写字楼，要发展成整个城市都是居住、生活、工作、娱乐、消费的高层综合体，人类花了一百多年，才慢慢摸索到方式。

上：水银泻地般地向四处蔓延的洛杉矶，连市区内的交通都需要依仗高速公路连接

下：美国卡罗拉多州卡罗拉多清泉市郊低密度的居民住宅，这是一处典型的依赖汽车的“睡城”

上：今日纽约曼哈顿

下：几无插针之地的巴黎老城区

安东尼奥·桑蒂利亚
Antonio Sant'Elia

说到竖向发展的城市体，最早有此构想的居然是第一次世界大战前的几位意大利青年建筑师，其中最重要的一位名叫安东尼奥·桑蒂利亚（Antonio Sant'Elia，1888 –1916），他出生于米兰北部靠近瑞士的科莫（Como，Lombardy），1912年大学毕业之后在米兰开设了自己的建筑设计工作室，当年就投入了“未来主义”建筑运动，是这个运动的两个骨干成员之一。从1912到1914年期间，他受到美国工业城市设计的影响，也受到奥地利维也纳分离派建筑家奥托·华格纳（Otto Wagner）、阿道夫·卢斯（Adolf Loos）的影响，他从这个时候开始大量地设计“新城市”（意大利语叫做：Città Nuova，就是英语中的"New City"），建筑史上把这个活动视为现代建筑产生的一个象征，一个转折点。

未来主义建筑宣言
The Manifesto Futurist Architecture

桑蒂利亚的大量预想图第一次，也是他在世时唯一的一次展出，是在米兰的“艺术之家”画廊（The "Famiglia Artistica" Gallery）在1914年5—6月份举办的新建筑展中。1914年8月份，桑蒂利亚发表了著名的《未来主义建筑宣言》（*The Manifesto Futurist Architecture*），宣称未来主义建筑仅仅用建筑结构、强烈的色彩做装饰，也就是宣告放弃传统建筑的装饰的方式了。他认为未来的建筑、城市是具有机械美的特征的，有工业化特征的，他的预想图上表现了他的愿望：超现代化的高层公寓住宅，这些高层建筑是纵向的城市，互相用桥梁、高架

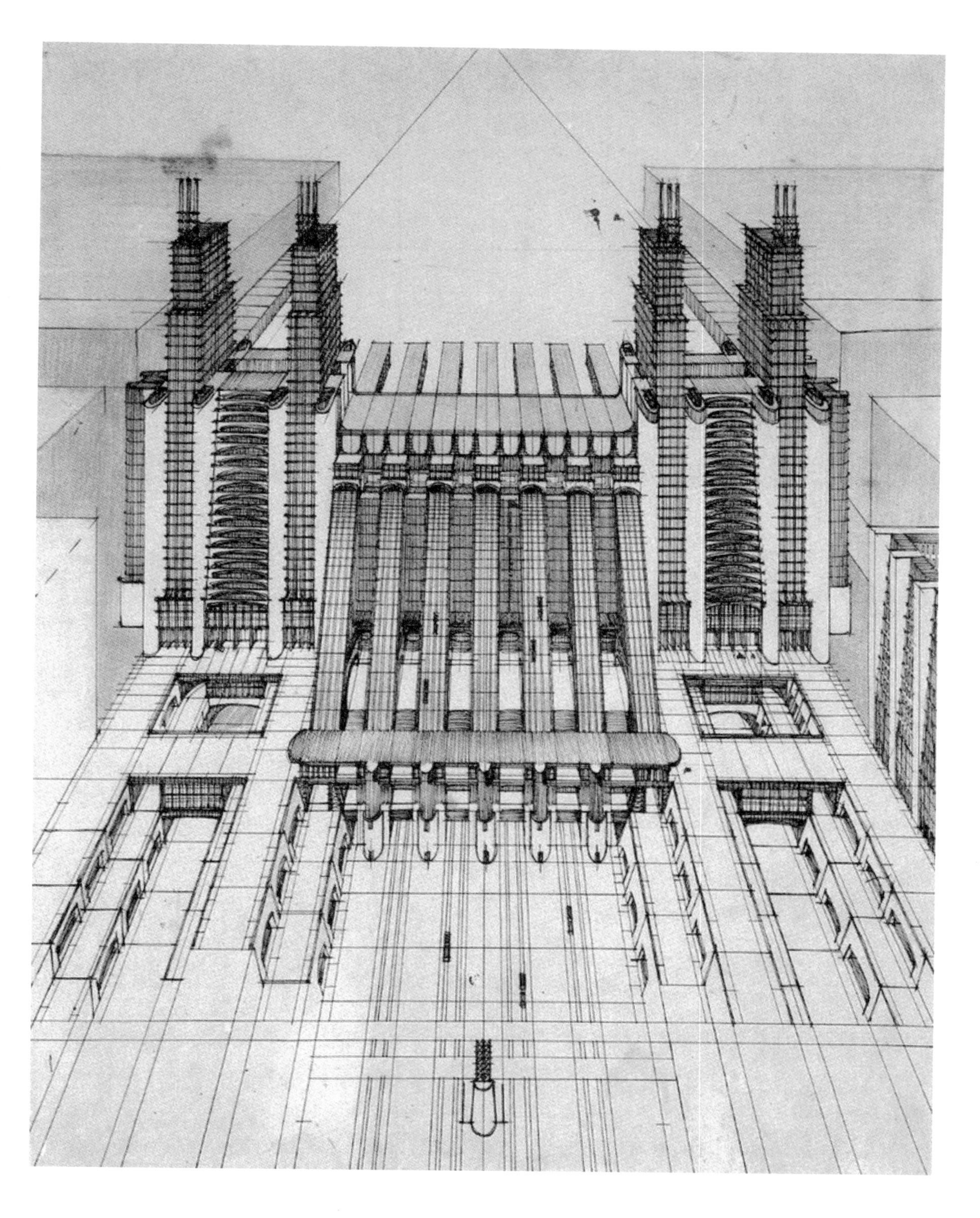

安东尼奥·桑蒂利亚的城市构想——水电站

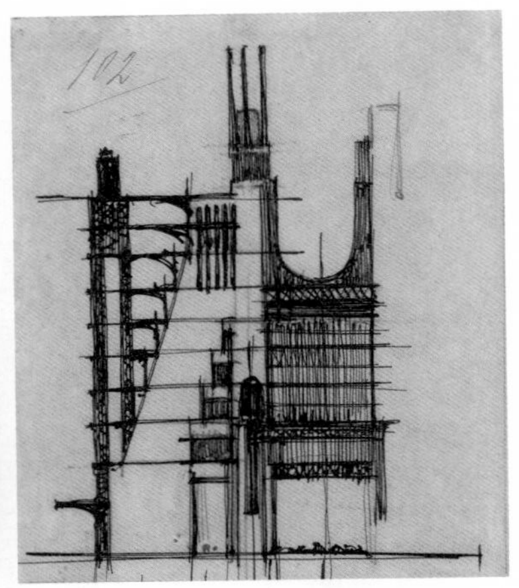

左：安东尼奥·桑蒂利亚的城市构想——城市的交通结构

右：安东尼奥·桑蒂利亚的城市构想——水电站

新城
La Citta Nuova

桑蒂利亚的纪念碑主义
Sant'Elia's monumentalism

桥、地下铁、轨道交通联系起来，低层部分是商场、配套设施，称之为“新城”（La Citta Nuova，1914）。这个构想实在太超前了，他设计的建筑，既是可以具有城市功能的高层建筑群，又具有纪念碑的作用，因此有人称之为“桑蒂利亚的纪念碑主义”（Sant'Elia's monumentalism），以致当时很多人去参观展览之后，都有目瞪口呆的感觉，因为意大利当时还基本是一个比较落后的农业为主的国家，统一也才几十年。

当时的未来主义者也都是狂热的民族主义者，有些后来还成了法西斯主义者。1915年桑蒂利亚参加了意大利军队，在蒙法康附近的伊索佐（The Battles of the Isonzo，near Monfalcone）战役阵亡，他的作品因而一个都没有建设起来，却留下了相当丰富的一批财富，对日后设计高层城市建筑、纵向发展的城市群有很大的启发。

安东尼奥·桑蒂利亚绘制的未来城市交通布局效果图

约拿 · 佛里德曼
Yona Friedman

超级结构时代
The Age of Megastructures

可移动建筑
Mobile Architecture

在桑蒂利亚去世之后，继续有不少人依据他的思路进行探索，其中法国未来主义建筑界也有人提出类似的构思，比如在匈牙利出生、法国长大的建筑师约拿·佛里德曼（Yona Friedman，1923-）就是一个继续桑蒂利亚探索的建筑师。他在20世纪五六十年代开始构思建筑，成为当时刚刚兴起的超级结构时代（The Age of Megastructures）的重要人物之一。1958年，佛里德曼发表了自己的第一个宣言《可移动建筑》（*Mobile Architecture*），提出建筑应该可以拆卸、可以组建，可以移动，是一种新的自由的生活方式。在宣言中他用灵活多变的组件来形成，由居住者决定住所（The "dwelling decided on by the occupant"），由此形成具有移动性的社会（A "mobile society"）。不过当时很少有人知道他说的移动性社会是指的什么。约拿·佛里德曼是在1966年成为法国公民的，他在这一年在杜布洛维尼克（Dubrovnick）举办的第十次国际现代建筑大会（the X International Congress of Modern Architecture）上发表了《移动建筑宣言》（*Manifeste De L'architecture Mobile*），他的这个思想和当时最具有冲击力的“第十小组”的提出的“移动生活”导致“移动城市”、“移动建筑”的概念相当一致。他提出由于现代社会不断的发展和变化，用一成不变的建筑来应付不断变化的社会生活是不合理的，所以提出从基本建筑的概念上改变，以能够适应社会生活变化的情况。他认为“移动社会生活”（the "social mobility"）导致住宅大框架、结构（infrastructure）的转变，这样就产生了“空间住宅”（"ville spatiale"）的概念，新建筑的要点是能够快速地解决人口不断涌入城市所造成的住房短缺困难。

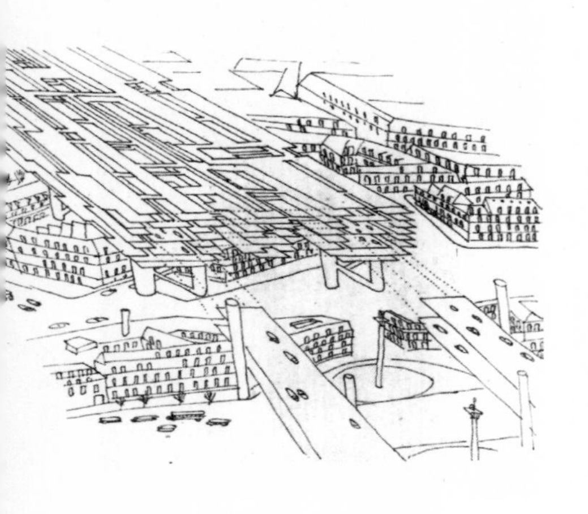

约拿 · 弗里德曼对于巴黎城市建设的“超级结构”构想

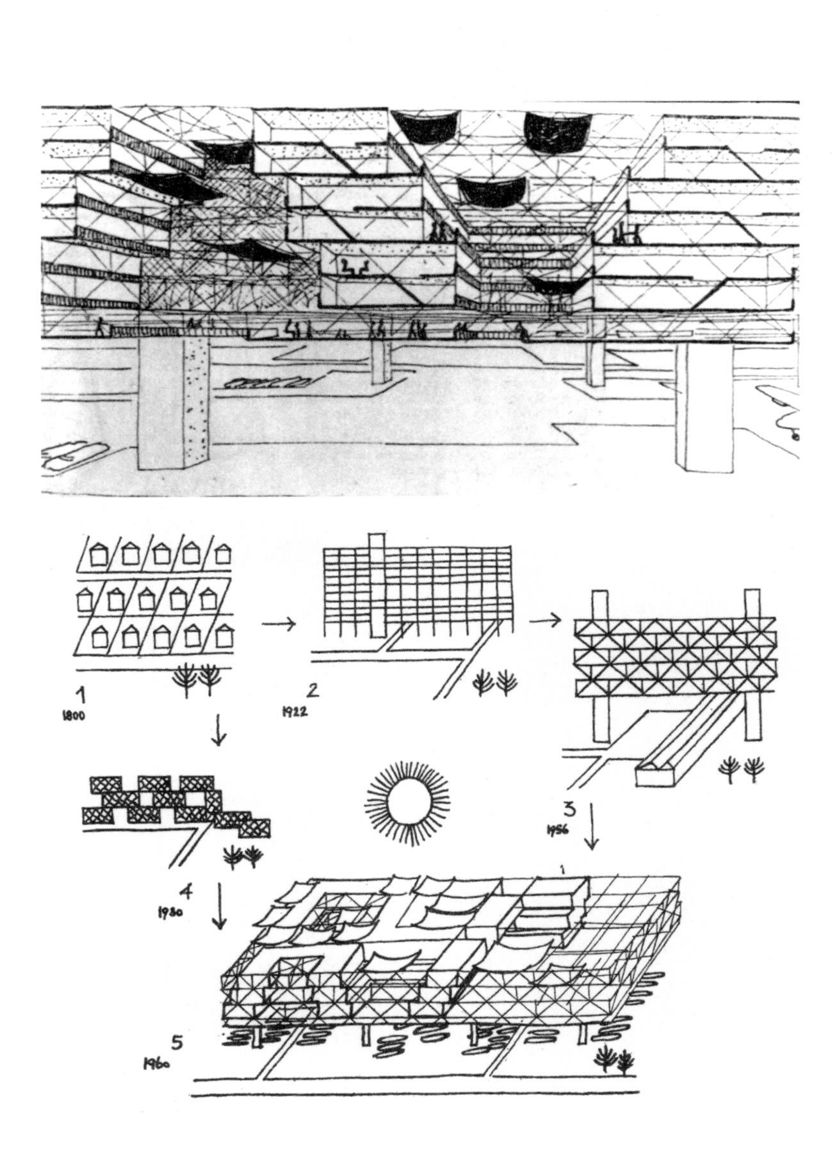

上：约拿 · 弗里德曼的“空间住宅”概念

下：约拿 · 弗里德曼的“可移动建筑”构想

上：约拿 · 弗里德曼的“可移动建筑”构想

移动建筑研究组
The Groupe d'études de Architecture Mobile

“超级结构”时代
The "Age of megastructures"

1958年，佛里德曼成立了移动建筑研究组（The Groupe d'études de Architecture Mobile，简称：GEAM），这个研究组工作了好几年，到1962年解散。1963年，佛里德曼提出设计“桥梁城市”（A City Bridge），并且逐步扩大为“超级结构”时代（The "Age of Megastructures"）的概念，认为建筑物应该朝硕大无朋的超级尺度做，而建筑应该是可以装拼、拆卸这样工业化构件的。他在好多大学中讲课，宣传这个“超级结构”时代思想。

上：约拿·弗里德曼绘制的“移动城市”效果图

下：世界上第一座超级结构建筑——加拿大蒙特利尔火车站的文德宫

1967年，加拿大蒙特利尔市中心的中央火车站文德宫（Place Bonaventure, Central Station, Montreal, Canada）建成，占地二十八万八千平方公尺，是当时世界上最大的有顶建筑物，也是第一座“超级结构”建筑。

我站在“西子国际”的工地上看着已经初具形状的新综合体建筑群，突然想：如果安东尼奥·桑蒂利亚能够站在这里看见这个项目，他会有多开心啊！从理想到现实，从意大利的一批前卫建筑师的空想，到“西子国际”的成功，跨越了整整一百年，人类有多大的进步啊！

Up-growing City

PART . 7
Archigram

“建筑电讯”

“西子国际”在市中心建造，又是综合性大型高层项目，如何设计，是一个必然考虑的问题。现在的“西子国际”是一个比较纯粹的现代主义作品，框架结构、高层往上、功能区明确分隔，之间再有机联系，交通立体导向，花园、绿化穿插，是一个目前比较成熟的方法了。不过，并非唯一方法，如果我们还记得1960年代在这个方向上的探索，肯定还记得英国的“建筑电讯”、“十人小组”、日本的“新陈代谢”，1970年代的“蓬皮杜中心”，还有现在的“东京湾塔”，这些前卫的探索给我们在市中心建造高层综合性地标建筑提供了许多研究、借鉴、参考的资讯、思考。

建筑电讯
Archigram

意大利未来主义建筑探索、发生在第一次世界大战之前，真正的摩天大楼建筑出现在两次大战之间的美国大城市，战后出现了日本的“新陈代谢派”和1960年代的英国“建筑电讯”（Archigram）派，之后再出现伦佐·皮亚诺（Renzo Piano）和理查德·罗杰斯（Richard Rogers）设计的“蓬皮杜文化中心”综合超级大建筑，其思想脉络是一脉相承的。

约拿·佛里德曼的思想肯定对英国的“建筑电讯”小组主要成员有启发作用。从时间顺序上来说，“建筑电讯”小组是1960年代在英国形成的一个前卫的建筑组织，主要成员都来自伦敦的“建筑联盟”学院（the Architectural Association, London），这是一个具有强烈未来主义色彩、反英雄主义、反权威、支持消费主义、从先进技术中吸收灵感的机构，目的是要摆脱现实的种种限制，来探索建筑设计、城市发展的新途径。“建筑电讯”派的领军人物是彼特·库克（Peter Cook），评论界有说他和“建筑电讯”小组对世界建筑界的影响可以等同于披头士（Beatles）乐队对摇滚乐的影响。作为英国实验建筑的设计团体，“建筑电讯”小组是建筑界的嬉皮士。他们出版的一本实验建筑杂志的名称也叫做《建筑电讯》。

下：“建筑电讯”小组的效果图，色彩明快，画面卡通，是建筑界的“披头士”

上："建筑电讯"小组的"行走城市"概念

下："建筑电讯"小组对于未来城市的设想——行走城市

《建筑电讯》

行走都市
Walking City

《建筑电讯》创刊于1960年，开始的时候是包括库克在内的共六位建筑家策划的，这本杂志和其他建筑杂志不同，里面有诗歌、设计、建筑概念，也有各种艺术评论和创作，这本刊物针对消费社会而展开新的建筑和都市构想，混杂了高科技、波普艺术型和平面媒体手法。《建筑电讯》基本是一份乌托邦式的设计刊物和文化刊物，里面的建筑非常具有娱乐性，好像昆虫的脚一样的建筑，根据居住者的要求，在都市中向希望的场所移动，这就是所谓的"行走都市"（Walking City）。Archigram质疑、挑战甚至调侃传统建筑，引用科幻、漫画和广告中的形象，大量设计幽默的建筑和城市，给予世界的建筑家们和设计师的影响至今不衰。

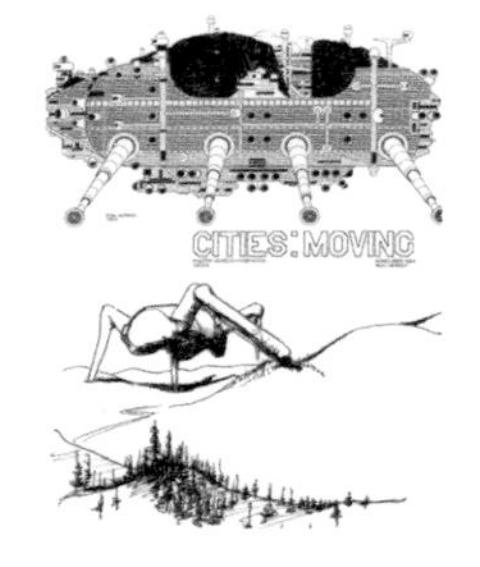

这个组织的主要成员有彼得·库克、沃伦·查克（Warren Chalk）、朗·赫伦（Ron Herron）、丹尼斯·可朗普顿（Dennis Crompton）、迈克·韦伯（Michael Webb）、戴维·格林（David Greene）。这个组织后面的还有一个被称为"看不见的手"（The "hidden hand"）的人物，就是设计师西奥·克罗斯比（Theo Crosby）。克罗斯比担任《建筑设计》月刊（*Architectural Design*）的主编（1953—1962），他给"建筑电讯"派提供发表言论的版面、概念设计的版面，等于给了这个学派一个公开的平台，使得伦敦的"当代

上："活着城市"展览中展出的建筑室内，整体建筑由结构件拼装组合

艺术院"（The Institute of Contemporary Arts，简称ICA）注意到他们，在1963年给他们举办了一个展览《活着的城市》（Living Cities），在 1964 年，克罗斯比请"建筑电讯"派在以他为首的"泰勒·伍德罗设计组"（The Taylor Woodrow Design Group）做了一系列试验性的项目。1961年出版了《建筑电讯I》（*The Pamphlet Archigram I*）这本小册子，是第一次完整地集中了他们概念的出版物。在这本小册子中，他们宣扬"高科技"（high tech）风格、轻质建筑材料、可以拼装的结构方式（infra-structural approach）。他们采用模数技术、可以移动性的结构，建筑由标准模数的结构件拼装而成，可以批量生产，并且具有鲜明的娱乐、消费形象，他们设计的作品炫耀、轻盈、轻松、活跃，好像"变形金刚"一样的构造。当然，他们的建筑完全没有考虑建筑所在的社会环境、城市织体、自然构造，在他们来看，建筑就好像帐篷、工地建筑构造一样，可以随意拆卸和组件，也可以朝任何方向扩展。这本小册子就是《建筑电讯》杂志的专辑了。

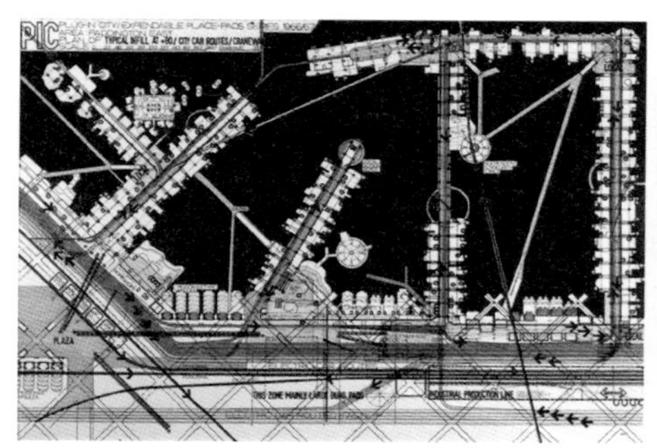

左：“建筑电讯”小组的“插座型城市”概念

右：“建筑电讯”小组成员彼得 · 库克绘制的插座城市效果图

彼特 · 库克
Peter Cook

“建筑电讯”集团的领导人彼得·库克教授，担任过“当代艺术院”的院长、伦敦大学巴特勒特建筑学院（The Bartlett School of Architecture at University College London）的院长，半个世纪以来是“建筑电讯”的主要形象、代言人。建筑界多半把他视为一个仅仅停留在极端概念层面的学者来看待，2004年，英国皇家建筑学会（The Royal Institute of British Architects ，简称RIBA）授予“建筑电讯”集团“皇家金奖”（The Royal Gold Medal），英国女皇在2007年给库克封爵，2010年4月份，瑞典的伦德大学（Lund University）授予他名誉教授的称号，是对这个前卫建筑组织的一个学术性的肯定。

迈克 · 韦伯

迈克·韦伯（1937— ）是“建筑电讯”的发起人之一，20世纪60年代和其他青年建筑师一起成立这个前卫组织，当时决心要动摇英国保守的建筑体系。用杂志做论坛平台，他推出自己的激进构想，提出概念建筑，如轻巧的金属构件、可以拆卸组建的结构、明快的色彩、卡通式的平面元素，这些设计都很惊世骇俗。他们在自己的杂志上发表这些设计概念图，也举办展览，展示自己的概念，虽然他们概念中的这些移动建筑、移动城市、插头型的建筑基本都没有实现，但是没有多久，巴黎

上：“插头型”结构建造伦敦办公大楼的构想，建筑本身可以根据需要不断插入、拔出

下：“建筑电讯”小组对未来城市的设想——插座城市示意图之一

的“蓬皮杜中心”则把他们的概念建造出来了。因此，不能够简单地说“建筑电讯”小组就仅仅是一群纸上谈兵的建筑师。

插头城市
Plug-in-City

如果要罗列他们曾经构想过的城市方式，应该起码包括彼得·库克的“插头城市”（Plug-in-City，Peter Cook，1964），他设计的城市构件——比如住宅单元、写字楼单元、人行道、车道、配套设施等等，都好像是拼砌积木一样，用插头的方式拼装起来的。这种方式有两个好处，一个是造价肯定低廉，因为全部构件都可以在工厂里批量标准化生产，运到工地拼装而已；第二是可以具有变换的很大自由度，给居民对自己的社区的构造改变提供了极大的便利性。

朗·赫伦的“行走城市”（the Walking City，Ron Herron，1964）的主要设计概念是城市完全放弃小汽车，用各种自动带人行道及电梯来连接居住区、工作区、商业消费区、娱乐区，人行方式是唯一的内部交通方式，他认为这样的一个城市的确能够使得超级城市回归到社区的本来原点去，使得人和人的关

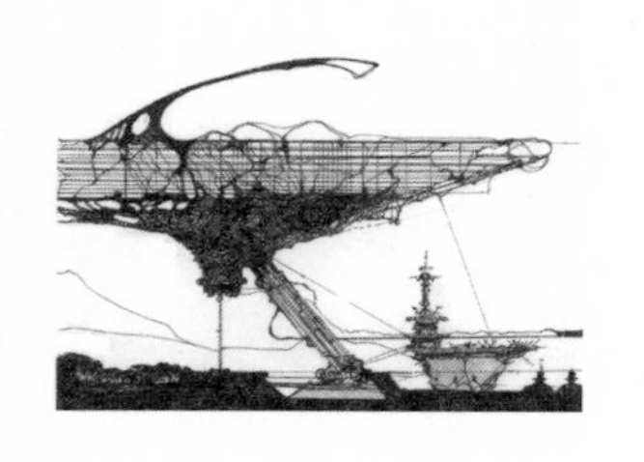

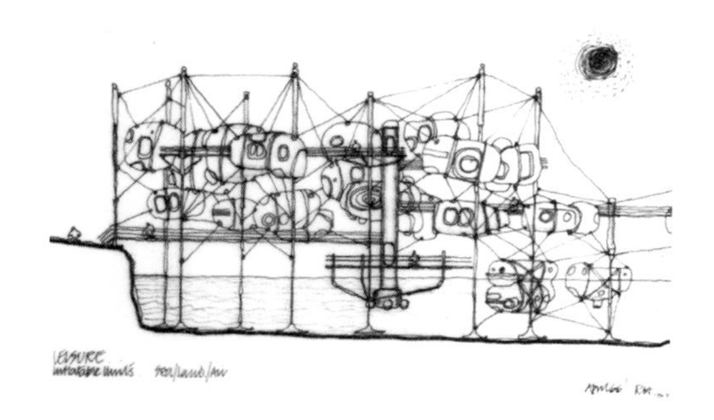

上："建筑电讯"小组的大胆设想——建立漂浮城市，实现"海陆空"三栖生活

系密切，有真正的社区生活。

立即性城市
Instant City

除此之外，"建筑电讯"还构想过"立即性城市"（Instant City），所谓"立即城市"，也是用工业化标准件的方式来建造城市综合体，但是他们考虑得更加特别，认为城市其实是可以用气球悬挂着，用钢索固定在地面，气球既是信息投影平台，又是城市的悬挂构件，如果在一个地方时间太长，可以牵动气球，城市就可以随时迁移到新的地点去。这些概念，当时虽然有人认为纯属空想，但是有些人却注意到其合理的内涵部分。英国的"第十小组"就从理论上设法完善这些空想设计。

"建筑电讯"还有一个相当大胆的设想——建立漂浮城市，城市单元就像一些大泡泡，可以沉在水底，可以摆放在陆地上，还可以漂浮到空气里。人想住在哪里，房子就可以带去哪里。"泡泡"之间用钢管支撑，用钢缆连锁到一起，单间的住宅就联合成为城市，人类就可以实现"海陆空"三栖生活的梦想了。

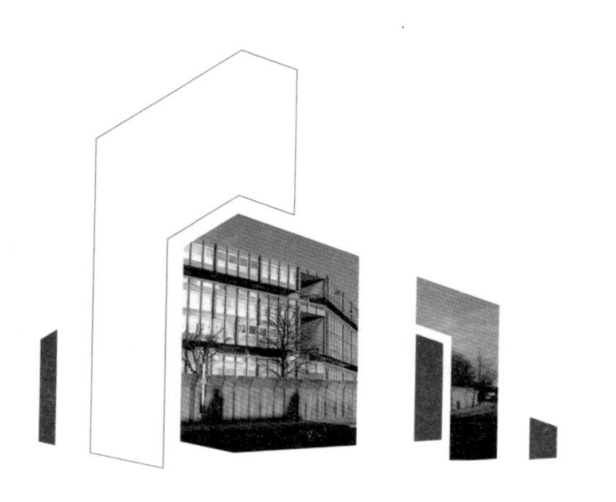

Up-growing City

PART . 8
Team X

“第十小组”

“西子国际”的出现，其实是自从现代主义以来，好多代建筑师前赴后继地探索市中心综合建筑群的沉淀和结果。有些成功可以直接借鉴，比如东京的六本木丘，有些则仅仅可以作为开拓思路的启发，未必能够直接引用，但是这些探索肯定是我们做“西子国际”的发展基础。其中英国的“第十小组”（“Team X”）是一个很有影响力的探索群体。

上：“第十小组”成员艾利逊和彼得·史密逊夫妇1972年在伦敦东区设计的“罗宾汉花园公寓综合住宅”

下：“罗宾汉花园公寓综合住宅”

艾利逊和彼得·史密逊夫妇
Alison and Peter Smithson

国际现代建筑大会
CIAM

“第十小组”是以英国建筑师艾利逊和彼得·史密逊夫妇（Alison and Peter Smithson）夫妇为首的一个青年建筑师组织。他们因在CIAM第十次大会上公开倡导自己的主张，并对过去的方向提出创造性的批评而得名。“第十小组”形成于1954年1月在杜恩召开的CIAM第十次大会的准备会议。“第十小组”提倡以人为核心的城市设计思想：建筑与城市设计必须以人的行为方式为基础，其形态来自于生活本身的结构发展。

“第十小组”由一批建筑师和一些他们邀请参与的人在1953年7月份第九次国际现代建筑大会（CIAM）上宣布组成，名正言顺地要挑战传统的都市主义，也就是现代城市规划的传统模式。这个组织其实非常松散，到1960年才正式召开第一次“第十小组”会议，会议在马赛北部山区里的小城塞泽河畔的巴诺斯

（Bagnols-sur-Cèze）举行。这个小组断断续续地活动，到1981年在葡萄牙的里斯本举办最后一次全会的时候，只有四个人参加。

“第十小组”比较重要的成员有七个，分别是荷兰的雅帕·贝克玛（Jaap Bakema）、希腊的乔治·康迪里斯（Georges Candilis）、意大利的吉雅卡洛·德·卡罗（Giancarlo De Carlo）、荷兰的阿道·凡·艾克（Aldo van Eyck）、艾利逊和彼得·史密逊夫妇（Alison and Peter Smithson）和美国及法国双栖的沙德拉赫·伍兹（Shadrach Woods）。也有好几个人长期积极参加活动的，包括何塞·柯德什（José Coderch）、拉尔夫·埃斯金（Ralph Erskine）、潘乔·惠德斯（Pancho Guedes）、鲁道夫·古特曼（Rolf Gutmann）、盖尔·戈隆（Geir Grung）、奥卡萨·汉森（Oskar Hansen）、伦玛·皮埃提拉（Reima Pietilä）、查尔斯·波伦伊（Charles Polonyi）、布莱恩·理查兹（Brian Richards）、杰兹·索坦（Jerzy Soltan）、奥斯瓦德·马西亚斯·翁格斯（Oswald Mathias Ungers）、约翰·沃尔克（John Voelcker）、斯提芬·维维卡（Stefan Wewerka）等。他们自称是好像一个家庭一样的小组，为了发展设计概念、沟通理解而聚集起来的。这个前卫的建筑师小组主要通过教学、出版论文和著作来阐述自己的概念，对于20世纪下半叶西欧的现代建筑思想探索有很大的影响作用。

新粗野主义
The New Brutalism

在“第十小组”的这些建筑师中间，有几个人同时还在运作其他两个建筑群体，一个是以英国为中心的“新粗野主义”（the new brutalism）群体，以史密逊夫妇为主，另外一个是“结构主义”群体，则是以荷兰建筑师凡·艾克、雅科布·贝克玛为主的。

“第十小组”的发起是从CIAM讨论的脉络开始兴起的，CIAM 是1928年建筑大师勒·柯布西埃和西格佛莱德·吉迪翁（Sigfried Giedion）发起的一个国际现代建筑师论坛。作为大学生，希腊建筑师康迪里斯出席了CIAM的1933年雅典会议。1947年，战后恢复的CIAM 会议在英国的布里奇沃特（Bridgwater）举行的时候，他和贝克玛、凡·艾克就建筑发展的未来进行了多次的讨论。

随着时间的推移，“第十小组”的核心成员范围扩大了，在这个组织在英国的小城霍德斯顿（Hoddesdon）的第八次会议上，他们另外组成了内部的一个“青年组”，他们希望能够走出勒·柯布西埃的影响圈子，复兴CIAM在国际建筑界的先驱论坛作用，通过对城市发展、建筑发展的一系列问题激发冲突、争论，逐步使得CIAM 的控制权转到青年一代的手中。1956年在克罗地亚的杜布罗维尼克（Dubrovnik）举行了第十次“第十小组”会议，CIAM 出现了裂痕，到1959年，在荷兰的奥特鲁（Otterlo）举办了最后一次CIAM 大会，这个传奇性的现代建筑先驱论坛终于在“第十小组”发起的轮番攻击下结束了。之后没有人企图重组CIAM 类型的国际论坛，“第十小组”则以小规模活动的形式，一直延续到1980年代。

“第十小组”是这个历史时期中最具有战斗力、火力最猛、最大胆直言的青年建筑师群体，他们对于CIAM官僚体制非常不满，“第十小组”成员本身是CIAM 中最激进的一批人，来自英国、法国、意大利、荷兰、瑞士等地，他们属于现代建筑师的第二代，或者自称为“中间代”。如果细心一点的人，会发现“第十小组”中没有德国建筑师，原因是在第二次世界大战期间，德国最前卫的现代建筑师都跑到英国、转而去了美国，这个“大逃亡”使得战前以德国人为中心的CIAM变成以英国人为中心的组织，本质发生了很大的变化，英国年轻一代的建筑师很多都想抛弃CIAM ，而成立自己的论坛。

“第十小组”无疑是从CIAM 中发展出来的，除卡洛斯之外，核心小组的全部成员都出席过1953年在法国普罗旺斯·埃克斯（Aix-en-Provence）举行的CIAM大会。“第十小组”虽然火力猛，但是却始终没有能够达成一个统一的概念、形成统一的理论，他们从1953年到1981年期间，仅仅在1954年发表过一个《多恩宣言》（*The Doorn Manifesto*）。因此，“第十小组”与其说是一个现代建筑组织，还不如说是一个有破旧立新目的，但是都在不同的方向上摸索的建筑师的论坛而已，并没有一个完整的概念。

《多恩宣言》
The Doorn Manifesto

“第十小组”的重要成就，就是打破了现代建筑师第一代的垄断，特别是以CIAM论坛方式的官僚式垄断，开启了建筑、城市规划的新思维时代。

我曾经花了一点时间看“第十小组”的主张，发现他们首先是力图要打破现代主义刻板的束缚，在语言上他们的确做到“大破”了，但是在拿出一个系统的方案来改变城市、建筑发展方向的“大立”方面，他们则显得颇为无力。我们看这个小组的主要成员自己设计的作品，约翰

英国新粗野主义
The British school of New Brutalism

雅克·贝克玛

逊夫妇的作品有明显的密斯·凡德洛的影响，他们设计的汉斯坦顿学校（Hunstanton School）是密斯加上粗野主义，谈不上脱离第一代现代主义，最多是一个混合使用而已，以致设计理论界把他们归纳入“英国新粗野主义”（The British school of New Brutalism）范畴里了。对于竖向城市来说，他们最重要的理论是在竖向交通设计上把行人通道与机械性质的交通完全分隔开来，他们提出的未来城市，不但是高耸的塔楼，而且是高层建筑组成的群体，形成一个高高在上的立体竖向城市体。对于交通疏导他们下了很多的功夫，不过他们夫妇并没有真正设计出这样的城市来。“第十小组”中的一位干将荷兰设计师雅克·贝克玛（（1914 —1981） 主要的设计工作放在战后鹿特丹的重建设计上，但是他自己同时也和建筑师布洛克（Van den Broek）合伙开设建筑事务所，他们的作品大部分是鹿特丹的社区建筑，大部分是四、五层高，并没有能够实现自己的竖向城市的机会。1964年之后，贝克玛在德尔福特技术大学（Delft University of Technology）、汉堡技术大学（Staatliche Hochschule in Hamburg）教书。意大利的德·卡洛（1919—2005），也是“第十小组”的干将，在自己的杂志《空间与社会》（*Spazio e Societ à – Space & Society*）中发表有关新城市概念的文章，也在国际建筑与都市研究室（The International Laboratory of Architecture and Urban Design，简称ILAUD）讲课中阐述，并没有设计出有影响力的作品来。荷兰建筑师凡·艾克（1918–1999），在英国、瑞士读书和工作，受到建筑史

结构主义
Structuralism

学家西格佛利德·吉迪翁（Sigfried Giedion）的影响很大。他也是教书为主，曾经在阿姆斯特丹建筑学院（the Amsterdam Academy of Architecture）、德尔福特技术大学教书，逐步创立理论刊物《论坛》（*Forum*），这本刊物成为宣传"第十小组"的最主要喉舌，他的主要研究力量放在宣传结构主义（Structuralism），提倡建筑、城市发展中人文主义、文脉延续。他自己的作品大部分是荷兰的集合住宅，均不高，比如那格列住宅小区（Village of Nagele, Noordoostpolder, 1948—1954），阿姆斯特丹斯洛特湖的老年人住宅（Housing for the Elderly, Slotermeer, Amsterdam, 1951—1952）、阿姆斯特丹孤儿院（Amsterdam Orphanage, Amsterdam, 1955—1960）等等。他最出名的作品是1984—1990年间在荷兰努德维克设计和建造的会议中心和餐馆组合体建筑群（ESA-ESTEC Restaurant and Conference Centre, Noordwijk），但并没有能够形成一个真正意义的社区。

因此，我们可以说"第十小组"是一个与CIAM 决裂的起点，他们对现代城市的刻板功能划分有不同的看法，希望突出新的方向。但是到头来，留下的是很多的概念，但缺乏一个坚固的经济、开发基础来让他们实现这些概念。

"西子国际"表面上看和"第十小组"没有多少直接的设计关联，不过细细看看，"第十小组"提倡的竖向交通设计，人、车分离，把居住空间树立在高高在上的立体竖向城市体，步行牵动社区，培育邻里感、提升人气，这些重要的设计概念，在"西子国际"上可以看到有充分的发展。这就是一种设计遗产的力量。

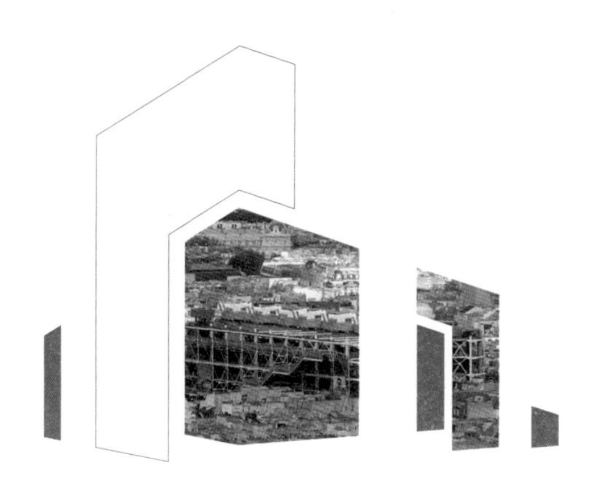

PART . 9
Georges Pompidou

蓬皮杜思

“西子国际”是一个新式高层综合型地标性建筑群，我们看到这个建筑的时候，如果回顾一下建筑、城市发展的历史，真有点如释重负的感觉：总算做出来了！

从历史上看，虽然有意大利“未来主义”的探索，有“建筑电讯”、“第十小组”的探索，但是这些概念基本没有一个真正做出来的。从意大利的“未来主义”，到法国的弗里德曼，再到英国的“建筑电讯”组的各种设计概念，继而到法国“第十小组”的理论归纳，这个纵向城市综合体的概念一直活跃在一些青年设计师心中。综合建筑群的构想出现了半个多世纪，却没有一个实体可以检验，的确有点遗憾，直到“蓬皮杜中心”建成，我们才有可以体验、审核、研究、提高的载体了。因此可以说“蓬皮杜中心”是集以上四个具有探索性的设计群体思想之大成的一个结果。

左：别具一格的蓬皮杜中心

右：位于巴黎市中心的蓬皮杜文化中心

巴黎的国家艺术博物馆分了几个大阶段的收藏，各尽其责。其中罗浮宫收藏19世纪以前的全世界艺术珍品，奥赛博物馆收藏19世纪末叶和20世纪初叶的作品，而现代作品就尽收藏在蓬皮杜文化中心了。

乔治・蓬皮杜国家艺术与文化中心

伦佐・皮埃诺
Renzo Piano

R・罗杰斯
Richard Rogers

这个文化艺术中心全称叫“乔治・蓬皮杜国家艺术与文化中心”，法文称为“Georges Pompidou，Le Centre National d'art et de Culture”，是在1977年建于巴黎市内的一座国家级的文化建筑。设计者是49个国家的681个方案中的获胜者意大利的伦佐・皮埃诺（Renzo Piano）和英国建筑师R・罗杰斯（Richard Rogers）。中心大厦南北长168米，宽60米，高42米，分为6层。大厦的支架由两排间距为48米的钢管柱构成，楼板可上下移动，楼梯及所有设备完全暴露。东立面的管道和西立面的走廊均为有机玻璃圆形长罩所覆盖。大厦内部设有现代艺术博物馆、图书馆和工业设计中心，其南面小广场的地下还有音乐和声学研究所。中心打破了文化建筑的设计常规，突出强调现代科学技术同文化艺术的密切关系，是现代建筑中科技派最典型的代表作。

这个项目是法国公共项目第一次允许外国建筑师参加投标，当时参加竞选的有法国建筑师让·努维，还有美国现代主义的大师菲利普·约翰逊（Philip Johnson）和巴西现代主义大师奥斯卡·尼迈耶（Oscar Neimeyer）。结果评委选择胜出的居然是两个当时尚默默无闻的青年建筑师——意大利的伦佐·皮埃诺和英国的R. 罗杰斯，真是令人惊异。

邻里工作室
Neighborhood Workshop

从弗里德曼、“第十小组”、“建筑电讯”组一直在提倡的可移动性建筑中，皮埃诺和罗杰斯的确受到很大的启发。他们身体力行，把这些概念贯穿到自己的设计项目中去，20世纪七八十年代中，皮埃诺一直执着地探索各种可移动结构的设计。20世纪70年代里，皮埃诺发展出一种名为“邻里工作室”（Neighborhood Workshop）的设计方法来。他设计了一种外表看去像只柳条箱的构件，可以放在卡车上搬运，到了工地上一打开，稍加装配，这只“箱子”便成了房间的地面，再加上一个非常容易拆装的帐篷，就可 以遮风避雨了。这样一来，在旧房修复的过程中，原居民就不必搬迁远去，而可以守在自家屋宅的附近，参与到新屋的设计和建造中来。皮埃诺夫妇巡回在战后意大利那些颓废的小城镇，让当地居民参与修复破旧的老房子，使当地的建筑业重新活络起来。这项工作受到广泛的欢迎。 当然，这样的项目规模不大，收入也不多，但是从中积累起来的经验和建立起来的信誉却是无价的，越来越多的人认识了这对年轻的建筑师，对他们的探索和实践给予了越来越多的赞赏和鼓励。

1969年，皮埃诺获得了第一个重要的设计项目——设计1970年日本大阪世界博览会上的意大利工业馆。他的设计，是一座钢架结构，铺设着强化塑料面板的长方形建筑，像是一个技术含量很高的大马戏棚。整个建筑的预制件只用了十五个集装箱就顺利地被运到日本，安装起来。除了这个设计广受好评之外，皮埃诺还有另一个重要收获——正是因为这个项目引起的广泛注意，他结识了英国的年轻建筑师——理查德·罗杰斯，日后他们成为很好的朋友。

大阪世博会后，伦佐·皮埃诺又替IBM公司设计过巡回展览的展棚。他用木料和铝合金制成鱼骨似的肋架，三个一组，用特制的夹具固定起来，蒙上透明塑料的“外皮”，就是一个小小的展厅了。根据场地的情况，将多组肋架连接起来，就构成了更大的展览空间。由于材料是透明的，所以自然光就成为最主要的照明光源， 而灵活的易装拆构造又很容易适应周围的地形环境，这两点，成为伦佐·皮埃诺设计的重要特征。IBM的展览先后在欧美的14个城市展出了两年半，让世人了解了崭新的电脑时代，也让更多的人认识了皮埃诺和他的设计。

理查德·罗杰斯于1933年生于英国，在伦敦的“建筑联盟学校”学习建筑设计，之后到美国的耶鲁大学深造。1963年与诺尔曼·福斯特及两人的妻子合伙，组成“四人小组”，从事建筑设计。1967年设计了一个工厂建筑，具有早期的“高科技”特色，显示出他们日后发展的趋势。同年，罗杰斯代表英国参加在巴黎举办的建筑双年展。

罗杰斯在20世纪60年代后期开始在一系列的大学担任教学工作，其中包括自己的母校——伦敦的“建筑联盟学校”，剑桥大学和伦敦理工学院。到60年代末，他受到美国耶鲁大学和麻省理工学院的邀请担任教学工作。与学院的密切关系，使他对于建筑学有更深刻的认识和理解。他对于现代主义和当时几乎达到垄断地位的国际主义风格建筑的单调面貌强烈不满，但是对于后现代主义提出的利用古典风格进行折衷处理，利用传统装饰方法来改变现代主义建筑和城市面貌也未敢苟同。长期对

左：蓬皮杜中心的建筑细节

右：蓬皮杜中心的各种管线均布局在外，涂上鲜艳的色彩划分功能

于建筑结构，特别是现代化工业技术结构的认识，使他自然感到科学技术的突出作用，特别是在20世纪60年代这个“宇宙的时代”中，在第一工业化时代结束、第二工业化时代来临的时候，应该作为设计的核心在建筑上进行运用和表现，这样才能达到建筑反映和代表时代的目的。

这个时期，他开始进行多方面的探索和试验，特别是在使用工业材料、工业技术构件上，非常投入和认真，他与妻子合作研究出使用塑料环结合的轻质建筑，1971年发展成具有商业用途的结构，称为“拉起拉链”（Zip-Up）系统。1968—1969 年他在英国的温布尔顿为自己设计了住宅，这个建筑采用了综合材料，特别是广泛使用工业材料制造，整个结构使用的钢管和钢条构件，已经出现了明确的“高科技”风格特色。

拉起拉链
Zip-Up

皮埃诺与罗杰斯的设计有几个很重要的特点，第一是延续了“建筑电讯”小组的很多构想，比如标准件、拼装化、安装和拆卸容易、鲜艳色彩的波普特点、建筑结构完全暴露的高科技派形

上：斯特拉文斯基喷泉里的谐趣雕塑

彼得·莱斯
Peter Rice

式。这两个设计师都和工程师有很密切的合作关系，比如皮埃诺的建筑设计就是和精密的结构工程分不开的，他长期和爱尔兰工程师彼得·莱斯（Peter Rice）合作，建立起一种非常有成效的长期合作关系。伦佐·皮埃诺安静做设计、不图惊天动地，但求隽永实用，他总是不断地用充满创意的各种项目，让世人为之瞩目：1960年代尝试可以移动的建筑结构，精巧的创意随着他为IBM公司设计的流动展棚让欧美各国的观众赞不绝口；1970年代他和英国建筑师理查德·罗杰斯，惊世骇俗地将巨大的、色彩斑斓的“拼装玩具”——蓬皮杜文化中心放进巴黎的市中心，并一举成为巴黎的新热点。1980年代在日本大阪外海的一个人造岛上，顶住地震和台风等各种极端自然状况，建造起1.5公里长的关西国际机场；以及进入21世纪后在加州科学博物馆的屋顶上建造了节能环保的绿色园林，他在洛杉矶艺术博物馆设计的两个新展厅都那么周到，所有这一切，让人感动。他的建筑总在向固有的建筑概念发起挑战，颠覆现存的设计教条。然而他的设计中，通过对每个细节处理的精益求精所表现出来的完美和优雅，又总是令人印象深刻，让人感动。

左：从蓬皮杜中心的外挂自动扶梯上眺望巴黎

右：蓬皮杜中心前的广场，是巴黎年轻人最喜欢的聚集地之一

蓬皮杜是在1969年戴高乐总统去世之后接任法国总统职务的。他的大手笔的公共建筑项目之一，就是用他自己的名字命名的现代文化艺术中心。这块地是巴黎市中心的一块空地，从20世纪30年代开始，这里就是一个贫民窟。战后拆了贫民区，成了临时停车场。这里离开罗浮宫咫尺之遥，在这里建造文化中心是很理想的地点。不要搬迁，不要征地。皮埃诺和罗杰斯赢得了巴黎蓬皮杜文化中心的设计竞赛。两位当时三十出头的年轻建筑师很清楚：老式的博物馆已经僵化为枯燥沉闷的、只能关在里面看的、只是迎合守旧的文化精英们的一个躯壳。他们决心要使博物馆成为动感的、吸引人的巨大公众空间。

“蓬皮杜文化艺术中心”由“工业创造中心”、“公共参考图书馆”、“国家现代艺术博物馆”、“音乐—声学协调研究所”四大部分组成，供成人参观、学习，并从事研究。与此同时，“中心”还专门设置了两个儿童乐园。一个是藏有2万册儿童

书画的“儿童图书馆”，里面的书桌、书架等一切设施都是根据儿童的兴趣和需要设置的；另一个是“儿童工作室”，4岁到12岁的孩子都可以到这里来学习绘画、舞蹈、演戏、做手工等。工作室有专门负责组织和辅导孩子们的工作人员，以培养孩子们的兴趣和智力，帮助孩子们提高想象力和创造力。他们非但没有将建筑的机械系统、循环系统掩藏起来，反而涂上了鲜艳的色彩，使任何人都不能无视它们的存在。在博物馆内，他们设计了巨大的、可以随意拼合的、不同尺度的展览空间，使展览的策划者和布展人有了更大的自由度。在博物馆外，他们还为拥挤的巴黎市中心创造出一个面积相当大的公共广场来。街头艺人、杂耍小丑、自弹自唱的业余歌星……所有这些并没有节目预告的表演都可以在广场上进行。即使那些并不喜欢现代艺术的人，也会来这里搭乘那条巨大的室外电梯上去观赏巴黎。蓬皮杜中心一经建成，立即成为公众的热点，迄今为止，平均每天吸引着将近两万五千名参观者，使整个地区都充满生机。

马克斯·门格林豪森

这个建筑使用了德国建筑家马克斯·门格林豪森发明的、使用标准件、金属接头和金属管的“MERO”结构系统作为建筑的构造，金属管构架之间的距离是13米，形成内部48米完全没有支撑的自由空间，从而创造了巨大的室内面积，供艺术展览和表演使用。电梯完全以巨大的玻璃管包裹外悬，整个建筑基本是金属架组成，而且暴露所有的管道，涂上鲜艳的色彩。这个庞大的公共建筑引起法国公众很大的争议，但是它最终成为巴黎的新的标志性建筑之一，也是“高科技”风格形成流派的里程碑。而罗杰斯也开始不断地投入“高科技”风格的设计。

上：蓬皮杜文化中心室内——工业化、高科技的氛围

下：色彩鲜艳的蓬皮杜文化中心建筑构件

上：蓬皮杜文化中心巨大的室外电梯

“蓬皮杜文化中心”不仅内部设计、装修、设备、展品等新颖、独特、具有现代化水平，它的外部结构也同样独到、别致、颇具现代化风韵。这座博物馆一反传统的建筑艺术，将所有柱子、楼梯及以前从不为人所见的管道等一律请出室外，以便腾出空间，便于内部使用。整座大厦看上去犹如一座被五颜六色的管道和钢筋缠绕起来的庞大的化学工厂厂房，在那一条条巨形透明的圆筒管道中，自动电梯忙碌地将参观者迎来送往。当初这座备受非难的“庞大怪物”，今朝已为巴黎人开始接受并渐渐地喜爱起来。这个建筑，其实是第一个具有高科技特点的城市中心综合体作品，展示、娱乐、休闲、图书馆、研究工作、停车场、群众广场全部融为一体。如果在这个基础上再增加综合住宅和生活内容，那就是一个城市区域了。

上：从蒙马特高地俯瞰巴黎，蓬皮杜中心就像一艘色彩鲜艳的大游轮，漂浮在密密麻麻的房顶上

不过，“蓬皮杜中心”是一个公建作品，是一个集艺术展览、图书馆、公众活动场所、休闲、饮食、交通于一体的综合性地标建筑，唯独缺乏居住功能，因此要“热”周边的生活，还需要以这个中心牵动周边住宅的出租，这一点自然已经完成了，周边的住宅都是一房难求的，“蓬皮杜”功不可没，但就建筑自身讲，是没有住宅功能的。这一点“西子国际”是更加完善了。

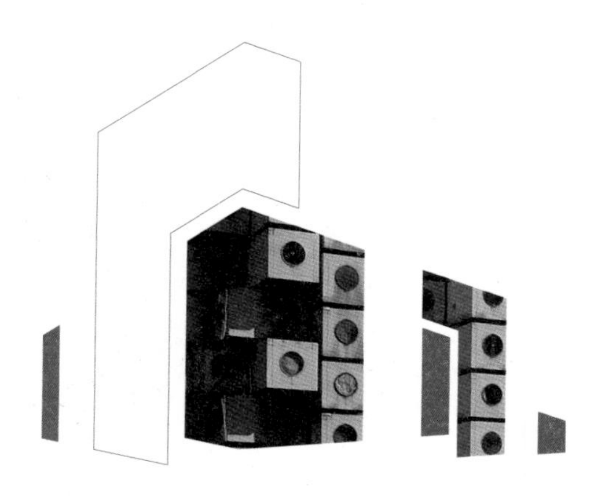

PART . 10
Metabolism

新陈代谢

“西子国际”的设计，可以说是站在“巨人”肩膀上的，从意大利“未来主义”、英国“建筑电讯”、“第十小组”，到“蓬皮杜中心”，自然也有日本同类型探索的群体“新陈代谢”派的影响。

20世纪60年代，世界建筑设计界出现了两个比较大的前卫流派，一个是日本的“新陈代谢派”，另外一个是英国的“建筑电讯”派（Archigram）。这两个群体从不同的方向探索城市发展的方向，企图在现代主义开启的现代建筑上找到新的突破点。

右：丹下健三于1966年设计的日本山梨县文化会馆，较为全面地体现了新陈代谢派的观点

左：丹下健三的东京湾超级城市模型

右：丹下健三和他的东京湾超级城市规划示意图

新陈代谢派
Metabolism

1958年，曾经一直领导着世界现代建筑发展的国际现代设计协会（CIAM）解体，1967年，勒·柯布西埃（Le Corbusier）逝世，到1969年前后，沃尔特·格罗比乌斯（Walter Gropius）、密斯·凡德洛（Mies Van der Rohe）、阿尔瓦·阿尔托（Alvar Aalto）也都相继去世。但是这些人的影响力太大了，几十年来，流行的“国际主义风”基本左右了全世界高层建筑、民用和公建的形式和结构。上世纪五六十年代之交开始出现一些年轻建筑师，或是继续支持纯粹现代主义建筑，比如1966年在纽约现代艺术博物馆举办展览的“纽约五人”（New York Five），或是在现代主义的基础上找寻发展的差异，提出新的思路，如上面提到的“第十小组”（Team X），“建筑电讯派”（Archigram）等。美国建筑师路易·康（Louis Kahn）用粗野方式试图突破勒·柯布西耶的影响，似乎有所成就，但是走得不算太远，他设计的许多作品，还是让人联想起勒·柯布西埃的作品来。比如他在达卡设计的国会、政府、法院综合体建筑，就很容易令人联想起柯布西埃在昌德加尔的政府综合体大楼；而日本的新陈代谢派（metabolism）则合少分多，宣言发表之后，成员各走各的路，有一些很醒目的作品方案，而建成的作品却不多。这些前卫建筑团体的影响，是到21世纪之后才逐步凸显出来的，期间居然用了半个世纪的时间来酝酿发展。

丹下健三

“新陈代谢”派是在日本建筑师丹下健三的影响下，以青年建筑师大高正人、稹文彦、菊竹清训、黑川纪章以及评论家川添登为核心，于1960年前后形成的建筑创作组织。他们强调事物的生长、变化与衰亡，极力主张采用新的技术来解决问题，反对过去那种把城市和建筑看成固定地、自然地进化的观点。认为城市和建筑不是静止的，它像生物新陈代谢那样是一个动态过程。应该在城市和建筑中引进时间的因素，明确各个要素的周期（Cycle），在周期长的因素上，装置可动的、周期短的因素。1966年，丹下健三完成了山梨县文化会馆。它较为全面地体现了新陈代谢派的观点。日本的“新陈代谢”学派认为从宇宙到生命，都有新陈代谢过程，人们的任务是促进这种新陈代谢的实现。他们发表了“新陈代谢（Metabolism）1960宣言”。这一学派成员很多，如桢文彦、菊竹清训、黑川纪章、大高正人等。他们各自的创作理论虽然不尽相同，但他们都把现代文明和作为这种文明集约化场所的城市，看成是新陈代谢的哲学范畴。他们结合21世纪东京的城市规划，提出了各自不同的城市设计方案，其中日本著名建筑师和城市设计师丹下健三提出的城市轴理论最具有代表性。它的基本构思有以下三点：

（1）变封闭型单中心城市结构为开放型多中心城市结构；

（2）变向心式同心圆城市发展模式为环形交通轴城市发展模式；

（3）城市摆脱旧区向东京湾海上发展。

新陈代谢学派的城市设计构想中的不少成份，对日后城市和建筑的发展有很多启发，其中某些局部还得到了实现。他们追求的是功能、技术和艺术的有机结合，自然和人工环境之间的和谐，历史与现代之间的对话。

在第二次世界大战后的日本，存在着三个主要建筑流派，其中最主要的一个是由大高正人、菊竹清训和黑川纪章等等当时的“少壮派”所展开的“新陈代谢”派的运动。“新陈代谢”派运动的时代背景，可以用丹下健三在1959年的一番话来做说明。丹下说：“在向现实的挑战中，我们必须准备要为一个正在来临的时代而斗争，这个时代必须以新型的工业革命为特征。……在不久的将来，第二次工业技术革命（即信息革命）将改变整个社会。”丹下在讲话中，很明显把新技术当作是对信息革命的应答措施。（但是，在当时信息革命的特征不很明朗，只是到了上个世纪90年代电脑和网络盛行的时代，这种特征才表现得越来越明显。）对信息工业社会的特征把握不很准确，也就使“新陈代谢”派无法拿出相应正确的对策。也就是说，“新陈代谢”派之所以很快就消失在历史的黑洞中，就如它们自己的主张一样：即 “强调事物的生长，更新与衰亡”，主要的原因在于其思想着眼点的超前性和对信息时代特征的认识不足而造成的。也可以说“新陈代谢”派企图用工业技术（即工业社会的手段）去解决信息社会的存在的问题。相当于后来欧洲兴起的高技派，在欧洲的解构主义运动对“不确定性”冲刺失败后的无意识的反映。还有意大利的新理性主义干脆以建筑类型学的名义在进行“复古”的举措，瑞士的博塔就是新理性主义典型的继承人之一。也就是说，他们意识到“不确定性”的问题所在，但是却找不到正确的解决方法和对策。“新陈代谢”派的主张的实质性问题（即对信息社会特征的认识问题）只有到了伊东丰雄才被真正地认识清楚了。“新陈代谢”派虽然自己在历史上没有结下什么硕果，但它的历史意义在于，为后来的日本建筑发展提供思想基础和人才储备，为当代日本建筑界的发展提供了强大的后劲。

由于“新陈代谢”派内在不可克服的矛盾，无法把握实质问题，“新陈代谢”派的中坚分子都按照自己的理解来误读信息社会的特征，于是生发出种种的偏离。黑川纪章无奈地转向“新陈代谢”派的本义即生物学倾向以生物适应为基础的共生理论，从目前看来，这一支流后劲不足。矶崎新的历史后现代建筑虽然带动了日本后现代的探索，这一支在目前的活动基本上不属于主流。但是，由菊竹清训到伊东丰雄，再到妹岛和世和西泽立卫，这一支流却呈现出自己旺盛的生命力。

左：黑川纪章设计的巴黎太平洋塔楼（Pacific Tower, Paris, 1992）

右：黑川纪章在新加坡设计的共和广场塔楼（Republic Plaza, Singapore, 1995）

强烈的现代主义、后现代主义符号性这种做法，在日本现代建筑师中很常见，在日本三代建筑师中，绝大部分建筑师是走纯粹现代主义的。日本人讲究纯粹，喜欢现代的简朴，已经有点达到走火入魔的地步了，因此勒·科布西埃特别受欢迎，战后日本甚至出现了“科布派”。

“共生”思想

在建筑史中，黑川被列入“新陈代谢”派的代表人物。他从四十年前开始倡导“共生”思想，理论界把他推到一个不适宜的高度，说他的理念“已被推崇为生命时代的基本理念，同时也成为21世纪的新秩序”。“共生思想”这一观念，不仅对建筑领域，而且对经济领域和其它领域都产生了深远影响，如今已成为时代的关键词。

他的这个思想最早出现于日本德间书店出版的《共生的思想》一书，初版于1987年，1996年大幅度修订后，更名为《新·共生的思想》重新发行。《新·共生的思想》被讲谈社国际部出了英语版，我就是看到了这本英文版。他的这本书为他获得很高的国际声誉，1992年获美国AIA最优秀建筑图书奖，在英国被选为RIBA十册优秀图书之一。海外著名的出版社，如法国的Editions du Moniteur，美国的Rizzoli，意大利的Electa、L'Arcaedizioni、domus，英国的Academy Editions等等，都因这本书的引导作用，相继出版过黑川作品集。

黑川纪章新陈代谢主义展
Kisho Kurokawa Metabolism 1960—1975

美国的麦克尔·布拉克伍德电影制作公司1993年完成了纪录影片《黑川纪章》（*Kisho Kurokawa*），我是在美国的公众电视台（PBS）上看到的。芝加哥美术馆为了纪念黑川纪章对建筑界的贡献，将其展厅永久地命名为“黑川纪章画廊”。1997年，法国蓬皮杜中心决定，将体现黑川纪章新陈代谢设计思想的1960－1975年间的41件原件素描和图纸及4件模型永久收藏，并从6月到10月举办了名为“黑川纪章新陈代谢主义展“（“Kisho Kurokawa Metabolism 1960—1975”），展出这些作品。

上：黑川纪章设计的日本和歌山县现代艺术博物馆

下：黑川纪章设计的大阪国际会议中心

左上：黑川纪章设计的名古屋市美术馆

左下：日本名古屋市美术馆建筑细节

右：广岛市当代艺术博物馆入口

那几年是黑川的年，随着上述那个展览，之后又有“黑川纪章回顾展”从1998年1月于巴黎日本文化会馆揭开序幕，然后于1998年4月至6月在伦敦RIBA建筑中心（英国皇家建筑家协会），1998年10月至1999年1月在芝加哥美术馆，1999年2月至3月在柏林日德中心，1999年6月至11月在梵·高美术馆（阿姆斯特丹），然后在日本国内巡回展出至2001年3月。

我去日本看过他的日本国立民族学博物馆、广岛现代美术馆，在荷兰则看过他的阿姆斯特丹梵·高美术馆新馆等，感觉因为缺乏对地缘的思考，过于冷漠，因此自己都谈不上特别喜欢。

黑川纪章是日本战后第一代建筑家中非常重要的代表，他于1934年出生于名古屋的一个建筑世家，父亲、弟弟都是建筑家，1957年毕业于东京大学建筑系，1959年在同一大学获得硕士学位，1964年获得建筑学博士学位，1962年开设自己的设计事务

所——黑川纪章建筑都市设计事务所。他也是丹下健三的学生，在设计思想上受其影响很深，应该说出生于正宗的现代主义体系，却在20世纪60年代顺应国际潮流，成为改革现代主义、国际主义风格的主要人物，在日本被称为“异端者”。20世纪60年代，从美国开始了后现代主义运动和一系列企图修正现代主义、国际主义风格的建筑探索和理论探索，日本也受到影响，出现了以黑川纪章、矶崎新、植文彦、筱原一男这些人为代表的类似运动，在日本建筑史中被翻译为“新陈代谢”时期。黑川纪章是这股浪潮中非常突出的建筑家。他在1965年设计了过量儿童公园中央儿童馆，1969年设计了小田急乙女汽车餐厅，1972年设计了银座“舱体大楼”，逐步体现出自己的新思想和设计方向。

左：外挂舱体和核心筒的连接方式示意图

右：黑川纪章设计的中银密封舱型塔（1972・东京）

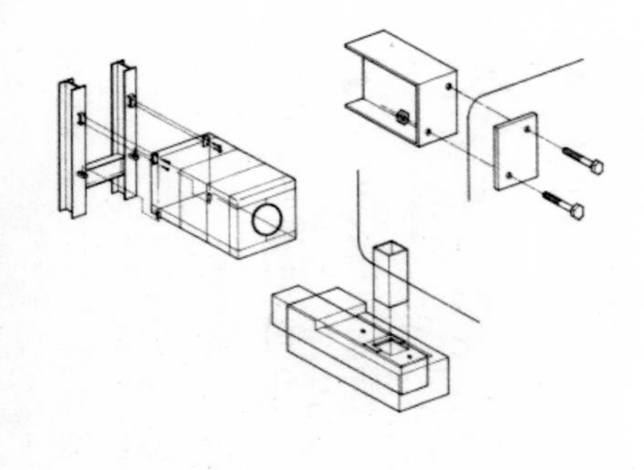

技术—乌托邦
Techonology-Utopia

黑川纪章并不走美国式的后现代主义道路，而是从另外方向来探索对现代建筑的改进，其中最典型例子是银座的“舱体大楼”，这栋大楼位于东京最昂贵的地段银座的高级住宅区。银座地段寸土尺金，设计上对于空间的考虑，对于预算的考虑都非常重要，同样的，对于建筑形式的要求，也相应高得多。黑川纪章受到他在苏联时对于宇宙飞船的“舱体”单位的印象影响，而采用了类似的“舱体”的构想，他采取了预制件和基本模数两方面的因素，设计了2.3米×3.8米×2.1米大小的所谓居住“舱体”，预制了这种尺寸的长方形单体，甚至窗口也开成船窗的圆形孔，建筑基本是使用这些单体堆砌、穿插组合而成，对于传统的现代建筑显然是一个不同的演绎，引起了广泛注意。他利用同样的方式，在 1976年设计了大阪的索尼公司大楼，进一步推进了这种模数单位、预制构件组合建筑的思想。他在城市规划思想上提出“螺旋都市”的设想，也具有相当的理想主义色彩。黑川纪章在70年代开始设计重要作品，其中有1975年的福冈银行总部、1977年的日本红十字会总部大楼、石川厚生年金会馆建筑和国立民族学博物馆，逐步形成自己成熟的设计思路 “技术—乌托邦”（Techonology-Utopia）。特别重要的是国立民族学博物馆建筑，这个建筑从1977年开始设计兴建，到1989年才基本完成，设计上运用方形环绕中间庭院的基本单体，逐步增加，因此建筑在每个建造阶段都具有内在的关联，也在整体完成后能够保持一致。在整个建筑群的中部是一个大型的以四个圆柱为角的方形庭院式建筑，所有的建筑单体都只设很少窗口，造成向内开放、向外封闭的特点，建筑采用日本传统建筑的灰色——江户时期流行的“利休灰”，灰色一方面具有民族传统的内涵，同时又能够把三维的关系模糊化，形成二、三维不清的形态，建筑因此就增加了遐想空间。

中銀
中銀

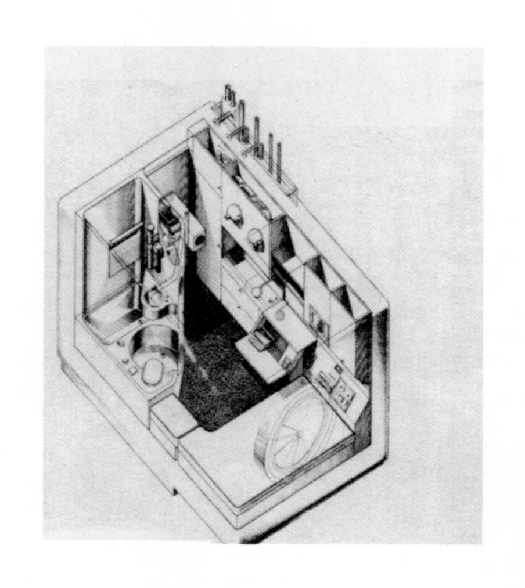

上：每一个居住舱体的尺寸为2.5m×4m×2.5m，这是室内基本布局示意图

下左：中银密封型塔的结构分解模型，由两座“核心筒”和多个外挂“舱体”构成

下中：每一个居住舱体的室内结构

下右：居住舱体室内的尺寸和布局示意图

我记得第一次见到黑川纪章好像是2006年、2007年，那时候他开始初步接触郑州东城的规划工作，但是那几年是他在日本不太顺的时期。他竞选东京市长失败，他设计的“中银舱体大楼”（Nakagin Capsule Tower）又要被拆毁。“中银舱体大楼”是他的最有名的作品，并且是“新陈代谢运动”的建筑代表作之一。

“中银舱体大楼”坐落在东京繁华的银座附近，建成于1972年。这幢建筑物实际上由两幢分别为11 层和 13层的混凝土大楼

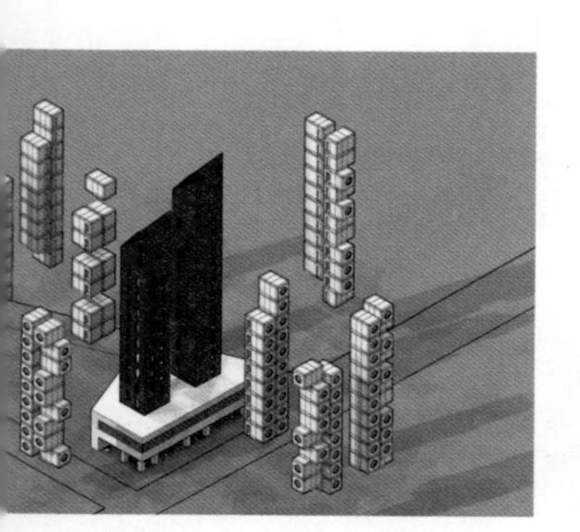

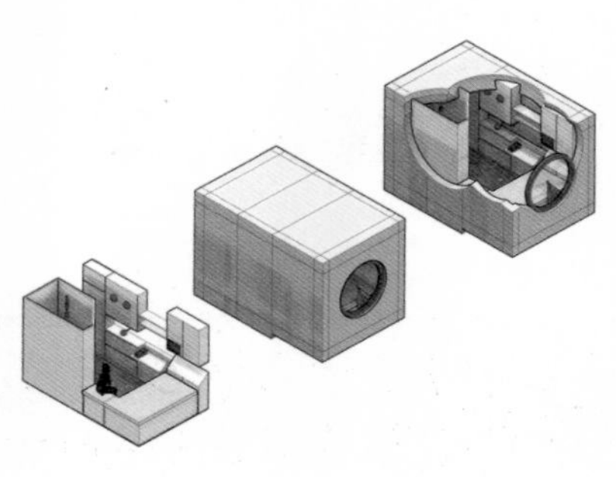

下左：索尼大厦

下中：居住舱体实例

下右：居住舱体实例

组成。中心为两个钢筋混凝土结构的“核心筒”，包括电梯间和楼梯间以及各种管道。其外部附着140个正六面体的居住舱体。舱体的尺寸为2.5米乘4米。每个舱体用高强度螺栓固定在“核心筒”上。几个舱体连接起来可以满足家庭生活需要。

这幢建筑物由于是建筑师对“新陈代谢运动”的完美表达，而长期受到赞赏。问题出在当年的隔热材料石棉，石棉是致癌物质，各国都在取缔，凡是内部有石棉隔层的建筑物都要拆除，因此，这栋有历史意义的建筑也在2007年 4月15日经管理协会批准了被拆毁，用一幢新的14层建筑物取代。对此，黑川纪章当然是心急如焚，他提出一个折衷方案，他提出去掉每一个居住舱体，用新的居住单位代替，让基础大楼保持不变。日本4个主要的建筑团体，包括“日本建筑师协会”（Japan Institute of Architects）都支持这个方案。但这幢建筑物的管理协会不相信这个方案，并且提出了对这幢建筑物的抗地震能力的担心，还说它对有价值的土地使用率很低。新的建筑物将增加楼层面积60个百分点。

日本建筑师协会
Japan Institute of Architects

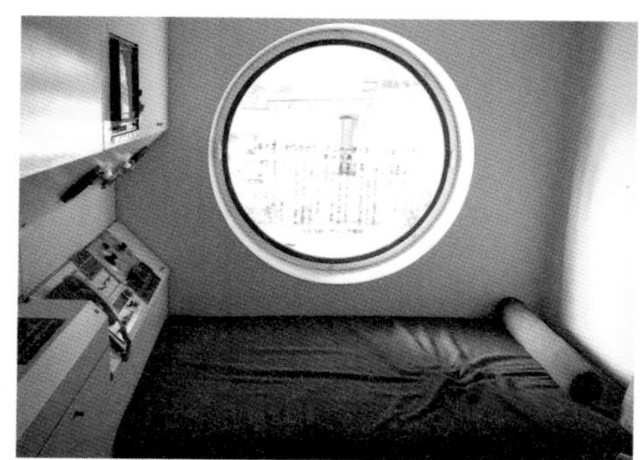

上：黑川纪章设计的索尼大厦（Sony Tower）

黑川纪章当时很恼火，他不断提出抗议。我们知道：黑川纪章在大阪的“索尼大厦”（Sony Tower）建成于1976年，于2006年被拆毁。大概就是这样的郁结气恼，令他在那两年明显衰老了。我在2007年春天在郑州见他最后一面，谈到“中银舱体大楼”的时候，他有点生气地说：“我们不要谈它了吧。”这一年10月份，他突然去世。之后，2009年我在《纽约时报》上看见决定拆毁“中银舱体大楼”的报道。

“新陈代谢”派和后来的英国“建筑电讯”派一样，都非常依赖高科技，在建筑发展上和城市发展上都提倡类似电插头

左：菊竹清训设计的东京Sofitel大酒店

右：菊竹清训设计的海上城市模型

的方式（Adaptable Plug-in Megastructures）做积木式的建造，并且很早已经考虑到城市蔓延最终使得空间缺乏，所以提倡在海上建造城市，包括漂浮城市（The Floating City in the Sea ，日本称作：Unabara Project），菊竹清训的海上城市（Marine City），积木式的塔城（Tower City），海城（Ocean City）、黑川纪章的“农业城”（Kisho Kurokawa's Agricultural City）和“哈利克斯城”（Helix City）等。其中影响最大最深远的，是丹下健三提出的在东京湾里建造超级城市的规划概念（Mega City Planning for Tokyo，1960）。东京后来的东京湾开发项目，就是受到他的这个概念影响而出现的。

东京海湾里建造超级城市规划概念
Mega City Planning for Tokyo

67号住宅单位
Habitat 67 Montréal

太空城
Space City

日本新陈代谢派的思想影响了许多西方的建筑师，出现了一系列受他们影响而建造的新型建筑，其中沙佛蒂（Moshe Safdie）1967年在加拿大蒙特利尔设计的“67号住宅单位”（Habitat 67 Montréal），1960年代的蒙特利尔现代中心重新规划（Redevelopment Plan for the Modern Center of Montréal），沃尔特·琼斯（Walter Jonas）在1960年代设计的Funnel City 'Intrapolis'，建筑师约拿·佛里德曼（Yona Friedman）在1959–1963年设计的“太空城”（Space city），根特·多米尼格（Günther Domenig）在 1963–1969年期间设计的拉格尼兹“超建城”（Overbuilding the City of Ragnitz），祖斯图斯·达辛登（Justus Dahinden）1972年设计的开罗游泳酒店（Swimming Hotel Kairo）和在1974年设计的阿克罗–波利斯悠闲城（Akro–Polis Leisure City），

上：日本“新陈代谢”派思潮的影响——加拿大蒙特利尔的“67号住宅单位”

下：“建筑电讯”小组的“插头型城市”概念

他在 1984年又设计了特拉维夫附近的克里亚特-奥诺悠闲城（Leisure City Kiryat Ono near Tel Aviv）。在亚洲，新陈代谢派也刺激了一系列的新作品出现，包括三个新加坡建筑师（Gan Eng Oon，William S.W. Lim ， Tay Kheng Soon）1973年设计的金哩综合体（Golden Mile Complex，Singapore）。影响比较大的还是体现在比“新陈代谢”派晚一点形成的英国“建筑电讯”集团（Archigram）的作品上，英国这批青年建筑师设计的“波普与机械综合体”（The unity of pop and machine）中就有很重的日本“新陈代谢”派的影响痕迹。“建筑电讯”小组成员彼得·库克（Peter Cook）1964-1966年设计的插头城（Plug-in-City，Living Pod and Capsule Tower）和在1978-1982年间设计的“滴塔”和“片城”（Trickling Towers and Layer City），朗·赫伦（Ron Herron）1964-1970年设计的“步行和立刻城”（Walking City and Instant City）等等，都有“新陈代谢”派的影子。

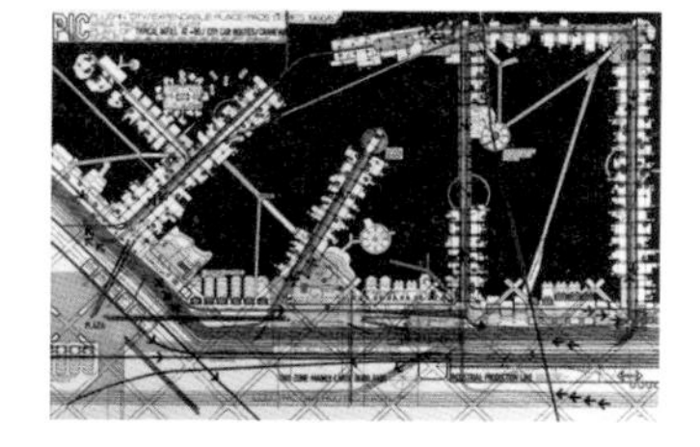

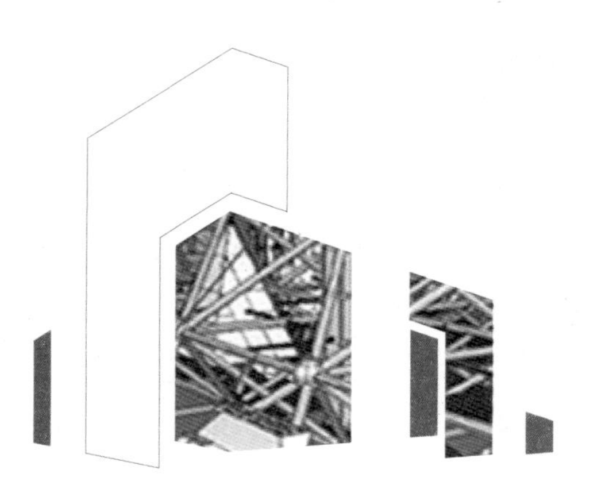

Up-growing City

PART . 11
Tokyo Bay Tower

东京湾塔

我去看“西子国际”这个项目，其实很有点羡慕：地点太好了，在杭州历史城市的中心居然有这么一片可以营造新概念综合体的土地。我去日本次数很多，他们就真是缺乏土地开发了，除了“六本木丘”这样千载难逢的一片山丘之外，在东京这个几千万人大都会要建造“西子国际”这样的项目，基本是没有可能的，因此才出现了日本建筑师提出在东京湾上建造一个金字塔形式的综合体的概念了。

左：丹下健三1966年完成的都城市政厅，尝试用构件方式建造大型建筑，综合解决空间拥挤、抗震等问题

日本人很早就提出很前卫的“新陈代谢”设计来了，不过这个概念对很多人来说，有点类似空想主义，并且是半个世纪以前的概念，也应该算旧概念了，但是他们的构思其实具有很高的合理性、可行性，也随着技术发展日益成热，所以日本从那时候起就没有停止过对纵向城市发展、利用海湾建城的探索，最新的体现就是最近看见开始动工的东京湾金字塔这个竖向的综合体，本身就是一个城区。

日本是个地震频繁的国家，人口多，领土狭小，常有“日本岛沉没”的说法，忧患意识很强。日本位于三个地壳板块交汇点上，地球的地震高危带刚好把日本从中间一切为二，因此日本是全球最容易发生地震的国家之一。几代日本建筑师、城市规划师都在考虑解决居住拥挤、抗震防灾的问题。日本现代建筑开创人之一的丹下健三早在1960年代就提出的“新陈代谢”派的主张，虽然丹下健三提交给国际现代建筑师联盟（The Congr è s internationaux d'architecture moderne，简称为 CIAM）的海洋城市（Marine City）方案并没有最后建成，但是他在1966年完成的都城（Miyakonojo）市政厅是他的“新陈代谢”思想集中的体现，用构件方式建造大型建筑，解决空间拥挤、抗震的综合问题，在这个建筑上有初步的体现。日本现代建筑的一个重要的转折是以大阪世博会为起点的，在大阪世博会以后，日本建筑设计的领导权基本就从丹下健三这一代先驱交到第二代建筑师的手里了，矶崎新（Arata Isozaki）、筱原和夫（Kazuo Shinohara）、黑川纪章（Kisho Kurukawa）这批人逐渐成了日本现代建筑的第二代主流。他们提出建立空中城市的构想，具体为东京设计新的空中城市，提出用树干、树枝概念，或者插头概念建造新型城市区。他们的思想影响了英国前卫设计小组“Archigram”，而丹下健三提出建造好像插头一样插入基座结构的单元建筑概念，被Archigram 小组在很多方案中反复使用。

上："金字塔城"的概念吸引了世界性的关注，
美国"发现"频道对它作了专题 报道

丹特 · 比尼
Dante N. Bini

东京是地球上人口密度最大的城市之一，为了解决未来人口居住问题，斯坦福大学的意大利建筑师丹特 · 比尼（Dante N. Bini）提出要在东京湾建一座史无前例的"超级金字塔"——可容纳约100万人同时居住。

东京湾长期以来就是日本建筑师考虑城市发展的方向，其实这个海湾条件不好，底部全是非常厚的淤泥，但是却是东京唯一可以发展的空间了。早年新陈代谢派就提出建造模数城市，城市好像一棵棵树一样屹立在东京湾上，住宅、商铺都吊在钢筋混凝土构架上，这些构架内部就是人行道、"树干"内是电梯。这个概念没有做成，但是却启发了日本建筑师的发展思路，而斯坦福大学的比尼提出的金字塔城则进一步激发了日本建筑师的概念发展，最终形成一个要真正实施建造的试验性城市概念。

日本清水工程公司
Takenaka Corporation

金字塔城

这个方案是由日本清水工程公司（Takenaka Corporation）根据比尼的概念，在1989年提交出来的，他们的方案是在东京湾上面修建一座金字塔形的透明的建筑——叫做“金字塔城”，这是一座自给自足的人工智能型生态城。这座史无前例的“超级金字塔”建造在东京湾，其外观呈金字塔形状，设计师希望高度达到千米以上，概念中总占地面积约8平方公里，基底周长为2800米。整个“大金字塔”中一共包含了55个“小金字塔”，每个“小金字塔”的体积都足以与埃及的一些较小型的金字塔媲美。从清水公司提出的设计图看，这座“超级金字塔”矗立在东京湾上，完全不占用宝贵的土地资源。按照规划，“超级金字塔”总共为8层，1至4层商住两用，5至8层为娱乐和公共设施，在金字塔内总建筑面积达到50平方公里，将建造24万套公寓、商业中心、广场、学校和医院，堪称一座功能齐全的“万能金字塔城”。建造在海洋和陆地交界的位置上，构架里面由数十幢100多层的摩天大厦组成城市建筑群，设计时目标人口是75万，后来估计最高可容纳100万名居民和工作人员。东京的金字塔城高达1.25千米，为埃及吉萨金字塔高度的12倍，它覆盖8~10平方公里的地面及海面，金字塔城外身为玻璃，其中住宅部分面积大概是1万2千亩，6000亩作商业用途，而4000亩用作酒店、消闲及学校建筑，而每座建筑物亦设有独立的能源供应。就像其它超级大楼一样，建造金字塔城的目的就是为了解决东京拥挤和环境破坏等问题。城内的气候将由太阳能和风力控制，从概念来看，是一个尽量做到低碳、低能耗的新城市。金字塔城是建立在东京湾上的一个中型城市，全部交通采用公共交通方式，整个城市里没有一部汽车。这个金字塔仅仅是一个钢铁构架而已，大“金字塔”框架内包容了55个小“金字塔”框架，每一个框架都比埃及的金字塔要大，在这些小构架里面有许多摩天大楼，框架的支架就是道路、轻轨铁路、商铺，支架交叉的地方，就是交通中转枢纽、商业中心、文化中心。

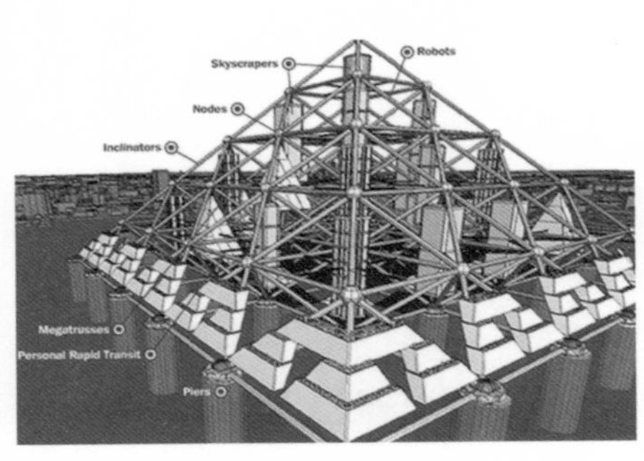

左：清水公司提出的“金字塔城”构想

右：“金字塔城”中的公寓住宅亦由一个个小金字塔组成

在建筑规划上，需要更多研究的是一个如此庞大的城市的组织结构，东京金字塔城这个项目参考了美国规划家、建筑师保罗·索列里（Paolo Soleria）提出的生态城（Arcology）和法国大师勒·柯布西埃（Le Corbusier）早年提出的放射型城市（Ville Radieuse）的概念，进行综合评估，并且作为设计参考。

如果使用目前的建材来建造这个巨大的金字塔城，这座城市将其重无比，地基是承受不住的。因此清水公司提出采用超轻型、超强度的纳米碳管——一种用极细的碳纤维包裹而成的圆柱体，这座金字塔城的重量就能减轻100倍。不过，金字塔城的支柱仍然必须用特殊的混凝土打造，这样才能承受极限的重压。为了降低这个巨大无比的金字塔框架的重量，大部分构造用超强度的碳纤维材料制作，因为很大一部分是建造在东京湾上的，因此水下结构特别要坚实。清水公司提出的概念是采用水下础桩做支撑，水上金字塔结构框架则用中空的管道，内部55个小金字塔中间的摩天大楼则采用豆荚状结构形式为主。建筑材料要用强度高、重量轻、一定条件下可自我构建的复合碳素纳米管。

东京金字塔城有若干技术突破亮点，第一个就是金字塔构架里面的那些高达30层的大楼的设计，他们用底座支撑，通过轻型纳米碳管与金字塔城的外壳相连。这种构想并非空穴来风，是以1980年代一次旨在解决城市拥挤问题的建筑竞赛中已经比较成熟的设计方案作为依据的。金字塔城里面包含了55个小金字塔，因此，大小金字塔的构造就形成许多节点，这些节点是交通、运输的关键所在，城市内的居民可通过自动人行道、无人驾驶舱和倾斜式电梯，自如地穿梭于城市的中空管道之中。城市的这些节点就是交通枢纽，并为城市提供结构上的支撑。由于建筑构造是金字塔形状的，因而电梯也就不是垂直的，而是倾斜的，在城内的大多数地方都有“倾斜式电梯”在斜坡上运行。巨大的金字塔需要超强的结构支撑，因此，另外一个技术的亮点就是它的超级构架，计划采用纳米碳管建造，这些构架起着城市支柱的作用，其外表涂有一层光电膜，能把光能转化成电力。此外，除了应用潮汐发电技术之外，还有人考虑从以海藻为能源的燃料电池获取电力，城市能源要做到完全自给自足。

这座城市没有汽车。居民可以搭乘个人快速交通舱，前往市内的大多数地方。设计中的交通舱是一种无污染的交通工具，由电脑控制，能在四通八达的中空管道里穿梭运行。

这么大一个金字塔结构怎么施工呢？美国拉斯维加斯卢克索金字塔酒店已经建成上十年了，这座金字塔酒店在建造过程中积累的很多建造金字塔形建筑的经验，是东京金字塔可以借鉴的，而建筑用的智能机器人也会在建造的时候起到关键的作用。现在估计这个金字塔城的兴建期间应该是在2039－2049年这个时间段，从日本机器人技术发展来看，那个时期的建造机器人是可以创设合适物理条件的巨型机器蜘蛛，它可以吐丝般吐出高强、轻质的复合碳素纳米管，用来建造镂空金字塔城主体建筑的结构框架。

这个城市的设计很重要的是交通系统的建造，根据清水公司提出的计划，这个城市由地铁加上快速平面电梯，另外辅助小型个人运输舱组成，全部电力驱动。因此也就排除了私人小汽车的使用，做到完全依靠公共交通体系来实现交通运输。

能源是一个城市存活的关键，目前的规划，主要强调使用风能，但是东京湾朝东面，海浪很大，海潮起落都蕴藏着发电所需的动能。海浪发电技术目前比较发达的是挪威，日本也急起直追，希望能够通过研究把潮汐发电用到东京金字塔城的能源系统中去。

最近一次大地震、大海啸之后，日本建筑界对东京金字塔城的抗震防灾能力进行新的评估，东京金字塔城采取镂空无玻璃幕墙结构，整座城是悬浮在东京湾海面的，加上主要的建筑是悬垂式豆荚状摩天大楼，都可以有效地分散、弱化冲击波对上层建筑的损害。和目前传统建筑比较，金字塔城高高建在海平面上，结构稳固，应该是比较理想的抗震型的城市构造。

新型材料、潮汐发电、气压建筑学、人工智能、建筑防灾理念在这个金字塔城的设计中都将起到很重要的作用。

我们知道日本人做事的计划性很强，清水公司在提出概念的时候，也提出实施计划，建造“超级金字塔”的工程总计分为三步。第一步是打地基，把36根巨型柱礅沉入东京湾，支撑着整个“金字塔城”。 第二步就是一层一层地搭建“金字塔城”的外部骨架。整个“金字塔城”是由55个“小金字塔”由下至上“堆积”而成的，形成一个巨大的金字塔形结构。第三步是在“金字塔城”中每一个“小金字塔”的外部骨架中，打造一座摩天大楼。每座“小金字塔”内的摩天大楼有30层高，它的顶端和底部有钢筋水泥支持。人们住在里面，与住在地面上的公寓毫无区别。

解决多人出行问题是巨大挑战。在“金字塔城”中，每根管道的交接处就是一个“节点”，这数千个节点不仅成了城市交通网络的中转站，而且还为整个城市建筑的平衡提供结构上的有效支持。连接“金字塔城”的管道全部是中空的，因此这些管道就担当了街道、高速公路的角色，人们上班上学、购物休闲就全部在这些“通道”里面进行。

我每次去东京，从高空往下看，整个大东京地区都已经没有什么可以供开发的土地了，东京湾是东京这个拥挤的大城市中剩下的唯一可以开发的空间。“金字塔城”完全不占用宝贵的土地资源，日本建筑师们提出的这个新城是有着巨大的现实意义的。“金字塔城”不但能够解决居住拥挤的问题，也能帮助日本抵御地震、海啸和火山爆发等自然灾害的侵袭。

这个概念提出之后，有些人说这仅仅是梦想，但从日本的技术条件、灾害严重的程度、国民素质三方面来看，估计他们是有可能完成这个理想的。日本在机器人技术方面遥遥领先，这个国家也有建造超大型建筑的丰富经验，金字塔城悬浮在东京湾上，具有高抗震的优点，而取消汽车的公共系统，又符合能源发展的需要，这些元素，都造成这个概念有实现的可能性。

自这个方案在1989年提出之后，已经吸引了世界各界的注意，1989年美国的CNN立刻制作了专门节目介绍这个方案，2003年美国的“发现”频道（Discovery Channel）在专题节目“极端工程”中（Extreme Engineering）专门介绍。2009年12月，迪拜的哈里发塔（Burj Khalifa）完工，高度达到828米，更加使得大家感觉工程技术上是没有困难的，真正需要考虑的困难不是技术，而是资金的投入。而黑川纪章等人早就从经济核算的角度来做过评估，认为金字塔城实现的可能性很高，原因是日本土地价格太昂贵，现在日本建筑开发项目90%的费用都是土地费用，建筑本身的费用仅仅是10%而已，如果在东京湾建造这个城，土地费用占总比例很少一部分，大量的资金可以放在建筑技术上，是有很大的成功可能性的。

极端工程
Extreme Engineering

上：日本大成建筑株式会社1995年提出的在东京湾上建设巨型高空城市的设计构想

日本人做事很低调，但是这个项目早已经进入实际操作的阶段了，据说东京消防部门已经动用直升飞机来探讨一旦这个金字塔城内部有火灾的救火方式了。在东京郊外，也正在测试比目前高速电梯快一倍的新型电梯，倾斜电梯也在静悄悄的试验中了。

这个金字塔城的概念如果成功，不仅仅对日本，并且对很多缺乏发展空间的国家和地区都是福音，因为可以在海上建造如此庞大和完整的城市，对于土地资源的保护、能源的节约、环境的保护将都有很大的推动作用。

回来再看看“西子国际”项目，则条件好得太多了，不但在坚固的陆地上，并且还在历史悠久的杭州市中心，“东京湾塔”的技术考虑我们基本不需要参考，不过有时候我看见杭州湾这些条件很好的滨海区，想到国内人口庞大的基数，总有一天会把这一综合体做到海面上的。这样想想，感到“东京湾塔”还是具有参考借鉴意义的。

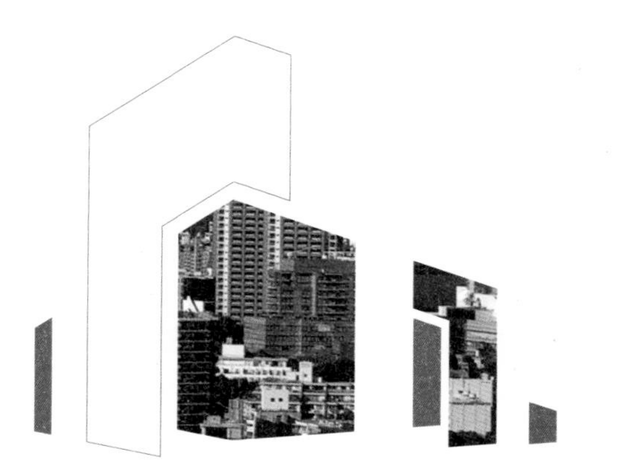

Up-growing City

PART . 12
Roppongi Hills

六本木丘

去东京，肯定要到六本木丘看看，这里是日本建筑界体现他们思考了很长时间的城市社区、城市发展方向、建筑形式问题的一个逗点。

右：六本木远眺

说了好几个西方国家的探索概念，除了“蓬皮杜”中心之外，基本还是“纸上谈兵”型的。不过建筑界并没有到蓬皮杜中心就停顿下来，他们继续朝竖向发展城市综合体探索。日本的“新陈代谢”派中有好几个人很早就提倡这种好像树干一样的“挂在结构架上的城市”，丹下健三的构想，后来促进了东京湾附近台场的规划和开发。有人看到这里会说：有没有做成了的高层综合地标性建筑的实例呢？其实是有的，并且做得非常精彩，这就是东京的“六本木丘”。正因为如此，但凡说起城市竖向发展，我就会不由得想起六本木丘来。

去东京，肯定要到六本木丘看看，这里是日本建筑界体现他们思考了很长时间的城市社区、城市发展方向、建筑形式问题的一个逗点。

去东京看高层住宅综合开发，很少人不去六本木的。六本木是东江中心一个高层开发区，1990年完工，经过十多年的发展，现在已经成为市中心高级住宅区的典范了，不能不看的。

我前年去日本，主要是看看日本的城市发展情况，在东京中心看了好几个重要的区域，比如高层建筑为主的六本木和附近的高级住宅区麻布、涩谷和代官山、原宿和表参道，每个区都有自己的特点，和国内的高层开发区、甚至市中心的开发、设计模式基本雷同的情况大相径庭，很有感触。

RYOWA
RYOWA

"六本木新城"，在日文中称为"六本木ヒルズ"
Roppongi Hills

所谓的"六本木新城"，在日文中称为"六本木ヒルズ"（英文译名是Roppongi Hills），后面这几个片假名，是英语中"hills"的读音，因此又称六本木之丘，地址在日本东京闹区内的六本木。地处市中心，这里原来非常拥挤，街道狭窄，和汉口车站路周边原来的小街巷情况颇有点相似。那里是日本大电视台"朝日电视台"所在地，周边相当狭窄，连消防队要通过也非常困难。1990年，朝日电视台本社总公司因为道路实在太拥挤，不得不迁移出去。这个迁移给予这个地区一个重新开发的机会，于是，由森大楼公司（森ビル）主导，实施了这个从规模来看，是日本迄今为止最大的都市再开发计划。因为是新规划的开发，所以日本设计界把所有可以借鉴的都市开发经验都用在六本木的开发设计上，从而使得这个区域成为最代表新城市主义思想的一个高层综合开发区。很值得一看。

去六本木很容易，就是因为东京的地下铁路高度发达的原因，从地下铁走上来，就是六本木的中心了。不过，我第一次去，因为希望了解周边的情况，还是从原宿、青山穿越过麻布这个高级住宅区走进六本木的，周边的麻布虽然是贵甲一方的住宅区，但是以都市小别墅为主，表面看并不显眼，日本大多数住宅区，都非常安静，路上的行人很少，走着走着，突然看见高耸入云的大厦，就是六本木了。

说是六本木山丘，是有原因的，因为这个区所在地是有一个小小的山丘，也正因为有个小山丘，这个区域也比较富于形象上的戏剧化特色。我看国内好多楼盘，见山就动土方，依山填海地整成平地，自以为这样优秀，没有想到土地完全平整之后，戏剧化效果也就消失殆尽了。追求刻板而已，并非追求特别。六本木很巧妙地保持了这个山丘的原貌，在山丘周边建筑高楼，很有特点，特别是保留了"六本木山丘"这个名字，还具有宣传的可用说法呢！

左：六本木的城市绿地和公园

右：六本木的居民住宅区

在开发“六本木新城”的时候，设计规划方面提出了“城市中的城市”，要把这个中心设计成东京内的一个独特的市中心，并以展现其艺术、景观、生活独特的一面为发展重点。相比国内好多庞大的新开发区来说，六本木其实很小，这个“六本木新城”整个面积是11.6公顷，总建筑面积78万平方米。建筑周期颇长，历经17年才建设完成，2003年才正式完全开放。期间我去过东京好几次，去看的时候都还在建设中，一个项目做这么久，可见他们实在非常用心。日本人虽然自己很有建筑的经验，但是在这个项目上，因为涉及新城市主义的概念，他们还是很谨慎地请了美国的几家大设计事务所来主持设计，包括捷得（The Jerde Partnership）KPF等多家设计公司联合完成。其中最核心的是一栋大楼，叫做“Mori 塔”（英语叫做：Roppongi Hills Mori Tower，简称：Mori Tower，有人翻译为“森大厦”），这是一栋真正的高层综合型地标建筑。“Mori 塔”本身是一座集办公、住宅、商业设施、文化设施、酒店、豪华影院和广播中心为一身的建筑综合体，具有居住、工作、游玩、休憩、学习和创造等多项功能。六本木将大体量的高层建筑与宽阔的人行道、大量的露天空间交织在一起。建筑间与屋顶上大面积的园林景观，在拥挤的东京都成为举足轻重的绿化空间，已经成为著名的旧城改造城市综合体的成功范例。

森大厦
Roppongi Hills Mori Tower

右：气派的森大厦

Mori塔

六本木的主体建筑物“Mori 塔”是一栋地上54层、地下4层，总建筑面积为 369451㎡的大楼，由KPF建筑事务所设计。大厦不仅设有高速电梯直接到达顶层，也设有电动手扶梯到达各楼层。而West Walk（西步行道）就是位于森大厦的下层西侧空间与凯悦大酒店下层东侧的部分商店所组成的商业街。这个区结合多样化的商店、各类时尚精品店、餐厅、医疗中心、银行与其他生活必需用品商店，形成了主要的购物中心，让人们的生活更加方便、舒适。West Walk采用挑高为四层楼高的空间设计，商店区一共有6层楼高，玻璃帷幕为采光屋顶，产生了丰富的空间层次变化，加上各式各样精彩有趣的亮丽店面设计，配合适当的景观与休憩服务设施，是一处既简洁明亮又令人感到开阔舒适的购物场所。另外，东京城市观景台（Tokyo City View）位于（Mori 塔）森大厦的52楼，与森美术馆（Mori Art Museum）相连。东京城市观景台拥有高11m且环绕建筑360° 的落地玻璃窗，从这个充满空间开放感的场所眺望东京都市夜晚绚丽的街景，是一种非常美好的体验。

我那天去森美术馆，看见他们在展出收藏的法拉利汽车，在离开东京50多层的高层展览厅上看最新的法拉利汽车，穿越大玻璃窗，可以看见整个东京，那是一种很神奇的感觉。

这个项目开发完成之后，立即成为东京热门地点。IT、高科技等相关企业快速地迁入，因为这里的核心建筑物是“Mori塔”，翻译成“森大厦”，有个“森”字，因此这里上班、居住、消费的人群自诩是“森林族”（ヒルズ族），这里的“森林”是不存在的，只有钢筋混凝土的森林，用“森大厦”的“森”来延伸出“森林族”有调侃的意味，但是也更有市中心人的自豪感在内。

六本木这里的摩天大楼很多，其中的“Mori 塔”（森大厦），内有东京凯悦大酒店、森美术馆、六本木新城TOHO影城等设施。雅虎、乐天、活力门等众多日本知名企业总部，也位于此大楼。其中比较吸引人的有朝日电视台大楼，是朝日电视台的新总部所在，地上5层，地下2层，占地广大。其中，大楼一楼设有公众开放空间，除了纪念品专卖店之外，还设有介绍朝日电视台各节目的展览专区。这里有一个比较大的露天广场，叫做六本木新城露天广场（英语叫做Roppongi Hills Arena）。六本木新城露天广场外观上，有着圆形巨大遮雨篷，是具有强烈的聚集导向作用的多功能露天娱乐场所。广场上的活动多以世界性的娱乐节目为主流，之所以在这里建造一个露天广场，是为了运用良好的营运措施和发挥创造力来经营六本木新城，这是开发商森公司的森稔社长的规划理想。六本木新城具有全年度的营销推广计划，每一季度举办不同的主题活动，并提前公布下个月的活动计划，以吸引公众参与，另外也结合旅游业积极开展地区观光、艺术文化及商业活动。森稔社长主张“城市既是剧场又是舞台”，因此在六本木新城内的许多地方都可以见到体现森稔社长这一理念的设施，包括这里提到的六本木露天广场与各种媒体及IT资讯设施，都满足了人们“看”与“被看”的需求。

六本木新城露天广场
Roppongi Hills Arena

六本木露天广场是一处拥有可以任意开放的遮蔽式穹顶露天多功能公共娱乐表演圆形舞台，能为风雨无阻的户外活动提供场地，配合着可变换的喷水设施，满足了多样化的活动场地需求，提供了变化丰富的空间。另外，整个六本木新城内的街道、建筑物墙壁和电梯前也分别设置有大大小小的银幕，除了显示各种租赁、活动资讯外，还可以转播表演活动，播放各种商业广告，传递信息。

下：六本木的露天广场

森大厦本身像是一座小型“城市”，有商店，有住宅，有美术馆，有露天表演场，有公园。

BMW
Roy Lichtenstein
David Hockney
BMWアート・カー展
透明なスピード
2008年4月11日(金)—6月8日(日)
森アーツセンターギャラリー
MORI TOWER
HISTORY IN THE MAKING:
A RETROSPECTIVE
25 APRIL 2008 - 13 JULY 2008
スカイデッキ
OPEN!
ミスト

六本木整个项目是一个超大型复合性都会地区，约有2万人在此工作，平均每天出入的人数达10 万人。六本木新城里的建筑，包括了朝日电视台总部（由日本著名建筑师桢文彦设计）、54层楼高的森大厦、凯悦大酒店、维珍（Virgin）影城、精品店、主题餐厅、日式庭园、办公大楼、美术馆、户外剧场、集合住宅、开放空间、街道、公共设施……几乎可以满足都市生活的各种需求。这种高密度的高级区域的开发模式，我看几乎每个中国的中心城市都可以借鉴，因为亚洲的城市习惯相近，和喜欢住得松松垮垮的欧美人不一样。

这里也有一个日本庭院，叫做毛利庭园，我去的时候，樱花正在开放，走近庭院，突然好像从高层大楼走进了日本传统神话的世界一样，很有些怪异感。

这里是东京高级的住宅区榉树坂区，包括了六本木新城住宅大厦等几栋高层住宅，建筑的设计风格是现代主义的，低调而高级的设计细节，不是那些高级白领层，恐怕都难以想象可以在这样中心的地点居住生活呢！

一个市中心的高级住宅、文化、生活、商业区，需要一个非常特别的立体化的交通系统来支持，因此，设计六本木的交通系统是保证六本木成功的第一步。六本木新城建立了良好的区内交通体系，在规划时就考虑到将地铁交通系统与都市公共交通系统相结合，并将人的流动放在第一位来考虑，以垂直流动线来思考建筑的构成，使整体空间充满了层次变化感。森大厦株式会社希望创造一个“垂直”的都市，将都市的生活流动线由横向改为竖向，建设一个“垂直”的而不是“水平” 的都市，以改变人们的居住与生活行为模式。通过增加大楼的高度来增加更多的绿地和公共空间，并缩短办公室与居住区之间的距离，减少人们的交通时间。六本木新城内的建筑就是根据这一规划理念朝垂直化方向设计的，因此本区的户外公共空间开阔，绿化率也较高。

上：森大楼上的城市观景台

六本木新城在规划时将地区发展与都市整体规划相结合，除了保留六本木新城现存的水系和绿化之外，还整合了周边的公园和广场空间；将规划区内一半以上的区域作为户外开放空间，加强地区与都市之间的融合与协调；充分利用地铁交通系统与都市公共交通系统，将地区商业活动与东京整体观光旅游相结合。总体规划设计充分考虑到了居住者与游客的多种需求，这使得六本木新城成为当今世界上最受关注的新兴都市规划区之一。空间组成大致可分为五个区域，就是地带大厦（North Tower，北塔）、地铁明冠（Metro Hat）与好莱坞美容美发世界（Holly Wood Beauty Plaza）、Hill Side（山边）、West Walk（西步行道）与榉树坂（Keyakizaka）区。地带大厦为联结地铁日比谷线六本木站的商业大楼，其一楼与地下一楼设有餐厅、商店和便利店等；地铁明冠、 Hill Side与West Walk是主要的商业活动集中区域；榉树坂区则包括了六本木新城入口大厦（Roppongi Hills Gate Tower）、六本木新城住宅区（Roppongi Hills Residents）、六本木榉树坂大道（Roppongi Keyakizaka Dori）等相关空间。

右上：森大楼楼内的购物中心

右下：森大楼入口设计细节

一个市中心的高级开发区，应该在一般性纵横开发区的功能之外，还拥有一些特殊的功能，六本木新城就因为拥有大量的艺术文化与休憩设施，使之成为了东京的文化重心地区之一，这也是当初开发规划时就已经确定的目标。因此，在森大厦的49楼至54楼的森艺术中心（Mori Arts Center）就规划集合了以现代艺术为展览与馆藏主题的森美术馆、观景台、会员俱乐部和学术研究机构等，并且在全区建设过程中就充分考虑设置了公共艺术作品和景观休憩设施。整个地区内的人行道和公共场所中总共设置有8件公共艺术作品和11件装置艺术街道家具。这些配合整体开放空间的景观系统规划，成为了六本木新城街道景观构成的重要元素。

六本木新城再开发计划的成功在于规划者有着开阔的视野、独树一帜的品位与敏锐超群的潮流捕捉能力。凭借独特的创意、完整而详实的企划和强大的执行能力，六本木新城再开发计划提出了一个新的超大型都会复合性休闲文化商业中心的生活圈提案，其规划包含了一般市民在衣、食、住、行等各方面的需求，成为另一种新的都市生活的形态指标。六本木新城再开发计划结合了良好的艺术设计与开放空间规划，将整体空间塑造得更为艺术化与人性化。

VIETA

特别警戒中

晚霞中的森大楼

六本木新城的设计和开发是很有意思的。我那天中午在六本木的一个书店里买书，在书店里的咖啡馆吃冰激凌，看着窗外刚刚绽放的樱花，心想：什么时候我们国内那些大都会的市中心高级区域的开发，也能够有这等文化、艺术的综合氛围就好了！

自从开始为“西子国际”写这本小书，就有一个期待：哪一天我能够好像在六本木丘书店走走、在咖啡店吃樱花蛋糕那样悠闲地坐在“西子国际”里，感受杭州的春天，有多么好啊！

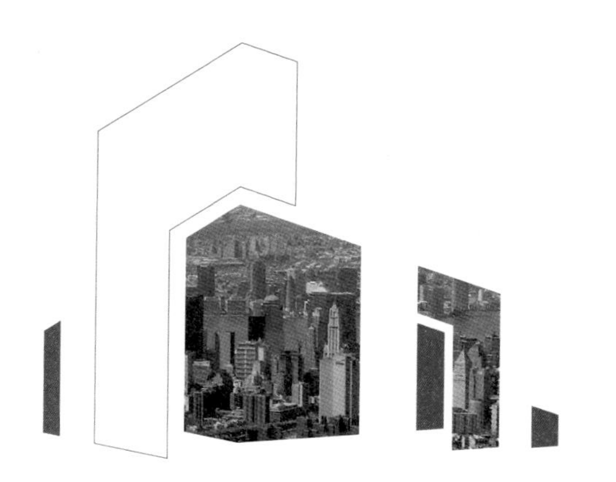

PART . 13
Up-growing City

城市向上

“西子国际”是一个高层建筑群，我在和人谈到高层建筑的时候，发现很多人容易有一个简单的联想方法，超高层建筑就可以是城市朝上发展的方式。我总是要反复地解释说：高并非真正的城市，城市更加复杂，高仅仅是建筑技术的能力体现而已。不过，城市朝上走，倒真是一个新都市主义的思路。

关于竖向城市发展的研讨，我记得1997年1月份曾经在伦敦有过一次比较大规模的会议，那次会议是由“混凝土协会”（The Concrete Society）组织的，邀请了许多建筑师、工程师、生物专家、设计师出席，讨论21世纪如何能够把城市发展的方向从横向蔓延改变为竖向发展的可能性，这次会议的标题就叫做“21世纪攻克竖向空间——多功能高层建筑国际研讨会”（Conquest of Vertical Space in the 21st Century - International Conference on Multipurpose High-Rise Towers and Tall Buildings）。这是比较早的开始从简单物理层面的超高层建筑朝有机竖向城市探索的会议，参加研讨会的主

生物竖向城塔
Bionic Tower Vertical City

要人物有建筑师埃罗・瑟拉亚（Eloy Celaya）、哈维・戈麦斯（Javier Gómez）、结构工程师哈维・马利克（Javier Manrique）。在这个会议上，他们提出一个概念的竖向城市，叫做“生物竖向城塔”（Bionic Tower Vertical City）。

瑟拉亚本人是纽约的哥伦比亚大学建筑研究院的硕士，他在攻读硕士的时候，还同时做了一个概念项目，叫做“生物塔”，生物竖向城塔是和这个生物塔并行进行的项目，动手设计的时间是从2001年开始的，参与研究和设计的人除了上面的瑟拉亚、戈麦斯外，还有罗沙・切瓦拉（Rosa Cervera）。

说到这里，回到我们谈的杭州城的发展来。杭州早年是很低矮的，一个湖托着一个小城，非常优雅安静，这是原来的杭州。记得20世纪80年代，中国的现代设计刚刚开始，我作为比较早参与呼吁现代设计教育的学者之一，曾经应杭州的浙江美术学院邀请，几次来他们的南山路老校区讲课。我当时还在广州美术学院工作，做设计系的副主任，正在写第一本《世界现代设计史》，是“现代设计丛书”中第一本，这套丛书的总编辑是浙江美术学院的王凤仪老师，责任编辑是上海美术出版社的周峰先生，为此，我经常来杭州和上海，就书的一些问题开会讨论。到杭州就住在浙江美术学院的招待所里，隔壁不远就是王凤仪老师的宿舍，经常在他家吃饭聊天，黄酒浅酌，高谈阔论，很是开心。晚饭之后，我经常走到湖边“柳浪闻莺”一带，就坐在湖边公园里看静谧的湖面，秋天有孤雁野鸭掠水而过，留下一道浅浅的水痕，活脱是林风眠的水墨画里飞出来的一样。看看杭州城，低矮的，色彩黯淡的木构砖楼一堆，和宁静的西湖相互呼应，很是和谐。

前年我偶然有事又住在湖边，是宏大的凯悦酒店，傍晚又走到湖边，看湖没变，看杭州就完全是高楼林立、彻底不同了。这是我对杭州变化的一个很基本的印象，天翻地覆的变化。杭州的发展，和国内其他大城市一样，同时兼具了四周蔓延、中心竖向两个方向，对比之下，横向蔓延比较容易，竖向需要解决的问题太多，大部分开发公司都有些犹豫在市中心建造高层建筑。因而市中心大部分高楼大厦都是公建、商业和办公性质的，高层、超高层住宅综合体比较少见。这是速度和经济核算的结果，刺激了城市蔓延的距离越来越远，城市尺寸也肯定越来越大了。未来的杭州将开始建造四五百米以上的超高层大楼了，在建筑这样的高楼的时候，如果能够把我们前面提到的这些先驱的工作归纳起来，形成城市综合体，岂不是解决了城市无限蔓延、侵占良田的问题了吗？

上：新开发的高层公寓和亲水休闲绿地，使曼哈顿变得更加宜居，更具生气

进入工业化时期以来，人类的建筑技术提高得非常快，到 20世纪初期，建造技术已经可以做出百层的大楼来了，在纽约、芝加哥出现了许许多多精彩的高层建筑，因为寸土尺金，高层建筑绝大多数都是写字楼，极少住宅建筑，虽然纽约、芝加哥都成了高层、超高层建筑的“森林”，但是却依然没有形成社区，一到晚上，这些“森林”里就人烟杳杳了。市中心人口依然是往四周蔓延的郊区迁移。但是，整个曼哈顿却的确是世界上少有的一个向上、竖向发展的城市。曼哈顿看上去没有什么了不得的，就是楼特别高而已，但是如果你细心地观察曼哈顿内部的结构，能够形成一个竖向的城市类型，还不是哪个城市可以轻易模仿到的。

缺乏社区生活的城市，谈不上“竖向城市”，因为他们本身就仅仅是办公楼，和生活并没有多大的关系。北京的CBD、上海浦东的陆家嘴、广州的海心沙中轴线、香港的中环，到了晚上，基本都是路断人稀的，而曼哈顿的下城也曾经如此，“9·11”之后才出现了竖向城市的大改变。原来我去“世界贸易中心”双塔，下午5点钟到那里，看见那些白领就好像出逃一样离开那些大楼，到傍晚，在楼下对面街的咖啡馆里吃点东西，看看整个华尔街地带，基本就人烟稀少了。给我的印象很深：楼高并不见得成城，要有人的生活才是真正的城。

下：纽约原世界贸易中心双塔

纽约的世贸双塔倒坍之后，现在要重建一个具有办公室功能的、具有雕塑特点的建筑群，对这个建筑群会不会成为世贸双塔那种只有白天人流滚滚的写字楼的情况，我是很关心的。

纽约是一个很特别的城市，它非常美国，又极为非美国，在美国是找不到第二个哪怕和曼哈顿有一点点相似的城市的。纽约就是纽约，脏乱差全齐，但是纽约的魅力，纽约的氛围，纽约的文化沉淀，却是全世界没有哪座城市差可比拟。虽然有些地方不安全，有些地方非常乱，但是纽约的自由感，是每一个来到美国的人在这里最强烈的感觉。城市好像人一样，有性格特征，巴黎就是浪漫，伦敦就是严谨，米兰就是时尚，北京基本是政治，东京就是拥挤的精致，而纽约是丰富的自由感。是天性，学不来，改不了。

上：远眺曼哈顿

在我来说，纽约更加交织了很多的记忆。那些装置、行为艺术展览，那些无头无尾杂乱无章的酒会，那些无政府主义者的诗歌朗诵，那些极限主义音乐会……本身就都是文化史的组成部分。1987年1月份，我初到美国，在费城附近的一所州立大学做研究。2月份去曼哈顿下城看一个画廊，虽然门面不甚张扬，但安迪·沃霍尔的好些作品可是在那里首展的。那天有个展览开幕，展品中有沃霍尔的三张旧作，是这个画廊早年收藏的，我很喜欢那几张作品，所以过去看。画廊老板过来跟我聊天，说到安迪·沃霍尔刚刚进了纽约的医院，据说是做个胆结石之类的小手术，不过起不了床，在医院里躺着，否则那一天他应该会来参加这个画展的。我记得那是21号，一个星期六的下午。晚上开车回到费城郊区的西切斯特大学，第二天醒得早了，打开电视看新闻，说沃霍尔22号早上6:22分去世，也就是在我离开那个画廊几个小时之后的事。那件事情给我震动很大，虽然没有直接的关系，但是这些因素串起来，就是纽约故事了。纽约对我来说就是这么一堆纠结在一起的人物、事情。

典雅主义
formalism

零度点
ground zero

我第一次去纽约世界贸易中心是1987年的一个隆冬的下午，曼哈顿是1811年规划的市区，完全由方正的格子形状街区组成，冬天风大的时候，从北到南，顺着12条南北向的大道穿越二百多条东西向的街，无遮无拦，到了世贸中心的下城，风大得推着你走。那一天也就是这样的一个时分，那的确是很宏伟的摩天大楼， 如果说我见过世界上那么多摩天大楼，哪一个给我印象最深，我想就是纽约的这对双塔了。日裔美国建筑家山崎实设计，属于“典雅主义”（formalism）。山崎实打破了密斯·凡德洛那种刻板，用尖拱券设计世贸中心外立面，挺拔、优雅、修长，那么纯粹的不锈钢语汇，在那个狂风劲吹的世贸中心广场我艰难地顶风走过去，上到塔顶，看见灰蒙蒙的纽约的天际线，心里就想说：好伟大的一个城啊！那时候我想的这个“伟大”其实和美国没有什么关系， 和政治更加毫无关联，我就是想说人类在创造文化上可以达到如何登峰造极的水平。我后来去了好多其他更高的摩天大楼，西萨·佩里设计的吉隆坡双子塔，迪拜的哈里发塔，芝加哥的希尔斯塔，上海的金茂中心，都没让我感动，唯独纽约世贸中心的双塔真是让我感觉到文化伟大。我估计和我去的时间、综合印象以及心态有关系。

“9·11”事件中，这对骄傲的塔在全世界人眼前轰然倒坍，自此美国人有心病了，我再到纽约，没事也尽量不去下城，伤心之地，去干吗呢？双塔的原址现在叫做 “零度点”（ground zero），有16英亩大小一块地，我去凭吊过一次，心里想：就这样空着吧，空着是个记忆，如果做起来了，有了建筑就没了记忆了。不过，不做总是说不过去 的，老百姓中大部分人不会同意我的这个想法，就好像我看见北京CCTV后面的配楼失火之后，想留下个烧过的楼，可能是全世界最顶级的废墟艺术作品，倒比重建更有全世界独一无二的效应一样。

上：纽约世贸中心重建工程与周围环境示意

下：纽约世贸中心广场重建计划零售商业区建筑细节示意图

自由塔
The "Freedom Tower"

纽约州的州长帕塔基（Governor Pataki）建议在原址上建一个“自由塔”（The "Freedom Tower"），高度是415米，和世贸中心南塔一样高，天线可以达到541米，1776英尺，是美国建国元年。这等噱头我最讨厌，但是政客喜欢，也是个招揽民意的手段。重建的提议被上上下下几级政府批准，民众也欢迎，因此就开始竞标，方案就提出来了。

全新的世贸中心新楼的方案，是用几座高层大楼围合而成，不是两栋，而是一群七栋，高低不等、布局不对称，形成一个建筑雕塑群的形式，围合一个湖面，湖边是“9·11”纪念碑，那个围合的气势，加上建筑外形也有解构主义的色彩，那些高楼不但是写字楼，也是纪念碑，我倒很喜欢这个构思。这个构思出自做这类建筑非常娴熟的波兰裔美国建筑师丹尼尔·里伯斯金（Daniel Libeskind）。我和他打过交道，看过他设计的柏林犹太博物馆，是位很有想法的建筑师。

左：纽约世贸双塔曾经的英姿

右：“9 · 11”十周年祭

丹尼尔 · 里伯斯金事务所
Daniel Libeskind

巴尔的摩SOM事务所
Skidmore, Owings and Merrill Architect

戴维 · 柴尔德
David Childs

这个建筑群中最重要的一栋叫做纽约一号塔（One World Trade Center），世贸中心产权所有者纽约港务局最后决定第一号楼由丹尼尔・里伯斯金（Daniel Libeskind）事务所、巴尔的摩SOM事务所（Skidmore, Owings and Merrill architect 的简称）、建筑管理专家戴维・柴尔德（David Childs）三家合作设计，柴尔德负责工程项目管理，里伯斯金出设计总概念，SOM做建筑总方案和施工设计。2011年3月11日管理部门调整了顶层的餐厅，因为超过预算，不得不删去了。而二号塔（在格林尼治街200号，200 Greenwich Street）则让英国建筑家诺尔曼・福斯特（Norman Foster）设计，他设计的顶层形状是倾斜的钻石状，倒和里伯斯金的方案要求的表现形式很一致。福斯特的建筑我们中国人太熟悉了，香港汇丰银行总部大楼、香港赤腊角国际机场、北京首都机场第三号航站楼都是出自他的手笔，是当今首屈一指的设计大师，估计作品不会有什么闪失的。

理查德・罗杰斯
Richard Rogers

英国高科技派的核心人物之一、建筑家理查德・罗杰斯（Richard Rogers）负责设计三号塔楼，在格林尼治街175号（175 Greenwich Street），他的这个建筑在“9・11”纪念碑对面，隔开一个湖面，因此景观会非常突出。罗杰斯也是佳作连连，尤其是他和意大利建筑家伦佐・皮埃诺联手设计的巴黎蓬皮杜艺术中心，是里程碑式的作品，他设计的这个三号楼，估计会突出某些高科技特色的。

桢文彦事务所
Maki Fumihiko and Associates

四号塔由日本设计师桢文彦事务所（Maki Fumihiko and Associates）设计，在格林尼治街150号。桢文彦1993年获得世界建筑最高奖项普利兹克大奖，他是日本第二代的宗师，年纪比矶崎新还大，但是设计思想非常新进，他的方案也是千呼万唤才出来的，有点稳如泰山的感觉。

KPF事务所
Kohn Pedersen Fox

五号塔是由KPF事务所（Kohn Pedersen Fox Associates）设计，KPF 是几千人的大事务所，做高层建筑如同囊中取物一样，就怕他们太熟练了，不出彩，不过有一个里伯斯金的总规概念放在那里，也不会差到哪里去。其余两栋则都是比较一般性的办公楼，其中的七号塔楼是SOM和戴维・柴尔德设计的港务局大楼，已经在2006年5月落成使用了。

自由塔建成之后，会重塑纽约国际金融中心的形象，但是更重要的是这将是一个唤起记忆的地点。下次再去到那里，就不会仅仅是感觉伟大，而更加会感觉到人类共存共荣的急迫性了。

左：世贸中心遗址的重建方案

右：正在兴建中的一号塔楼

在看见这个建筑群的设计方案敲定之后，我也委实认为那里会重新回到我早年去看见的空城的情况。不过现在那个位置靠近哈德逊河一带，已经建成了一个高层的住宅区，并且有好多栋建筑是用生态技术设计的。因此，即便这五座写字楼建成之后，因为在这里工作的人就住在旁边，曼哈顿下城将会是一个真正意义上的由竖向综合体组成的城市了。

Up-growing City

PART . 14
Only High, Non-city

仅高非城

“西子国际”这个国际综合地标性建筑群是TI、T2、T3三幢竖式塔楼形成的。这样的高楼大厦国内大城市已经很多了，其实，高层建筑或者是酒店，或者是高级公寓，或者是商业楼宇，最多地下停车场，首层、二层是商店，很多人认为这就是城市朝上发展的结果了，其实综合体和简单的商住混合概念不是一回事，“西子国际”是一个综合体，并且是具有国际功能的综合体，这个项目本身的潜台词就是“仅仅高并不是城市”。

有人说：高层综合体容易做，技术上毫无困难，迪拜不是已经做了好多了吗？其实，迪拜做的是摩天大楼，而非城市综合体，是躯壳，而不是有生命的城市。

工程技术的高速发展，到21世纪更为突出，摩天大楼出现在越来越不应该做摩天大楼的地方，这是最令人感觉到古怪的。世界上最高的建筑物我去过好几个，1930年代建成的纽约帝国大厦和克莱斯勒大厦、在“9·11”事件中被炸毁的纽约世界贸易中心、芝加哥的希尔斯中心，这些大楼都是在城市中间寸土尺金的地方，需要朝上发展来解决土地不敷使用的问题，因此高得有道理。而马来西亚的双子塔已经是在一片油棕榈林中间竖立起来的，早年去看的时候，环顾四周，几乎没有居民区，让人诧异。而迪拜刚刚完成的“哈利法塔”则突破了800米的高度，绝对是一个物理意义上的震撼。不过从心理层面来说，在顶层上的感

左：炫目的高度并不等于城市

右：世界第一高楼——迪拜的哈利法塔

觉，则每每差别很大，在纽约大楼上，看到的是好像森林一样的摩天楼群，在芝加哥大楼上看到的是浩瀚的大湖，在双子塔上看到的是绿色的油棕林，在台北和上海高层上看到的是密集的城市，而在迪拜大楼上，看到的是很有点怪异的巨大的沙漠。

哈利法塔
Khalifa Tower

阿德里安·史密斯
Adrian Smith

2010年1月4日晚上8点，这座世界上目前最高的建筑物“哈利法塔”举行落成启用典礼，阿拉伯联合酋长国的元首在仪式上把原来叫作“迪拜塔”这个摩天大楼重新命名为“哈利法塔”（Burj Khalifa，英语中叫做： Khalifa Tower），这个摩天楼的确高：160层，总高828米，比台北的摩天楼“101”足足高出320米。“哈利法塔”由美国SOM公司的建筑师阿德里安·史密斯（Adrian Smith）负责领导设计，韩国三星公司负责实施。具体参加工作的工人中，印度人就超过4000人，这项工作是名副其实的国际项目。“哈利法塔”从 2004年9月21日开始动工，2010年1月份落成。这个超高层建筑设计上采用了一种具有挑战性的单式结构，由连为一体的管状多塔组成，具有太空时代风格的外形，基座周围采用了富有伊斯兰建筑风格的几何图形六瓣的沙漠之花。“哈利法塔”加上周边的配套项目，总投资超70亿美元。哈利法塔37层以下是一家酒店，45层至108层则作为公寓。第123层是一个观景台，站在上面可俯瞰整个迪拜市。建筑内有1000套豪华公寓，哈利法塔内有住宅、办公室和豪华酒店。预期能容纳1万2千人工作和生活，因为迪拜外面什么都没有，因此发展商希望将塔塑造成“自给自足”的群体，让住户足不出塔，在塔内部解决一切生活需要。餐厅在122楼，吃饭的时候可以从海拔440米高度俯瞰沙漠。123层的高层大堂设有健身室和室内泳池，还有一个露天泳池。这个塔的周边配套项目包括：龙城、迪拜MALL及配套的酒店、住宅、公寓、商务中心等项目。

为配合哈利法塔的惊人建筑数据，启用典礼上动用大量特别效果，包括868盏大型闪光灯以及最少50种全计算机控制激光音响效果。典礼三大主题表演包括“从沙漠之花到迪拜塔”、“心跳时刻”和“从迪拜、阿联酋走向世界”，最后以1万多组大型烟花表演作为结束。塔旁的迪拜喷泉喷到275米的高度，破了喷水的最高世界纪录。启用典礼整个过程由当地媒体作全球高清直播，有400多家全球媒体参与报道，全球20亿观众收看。我当时在学校里上课，下课之后才去看转播的，当时思想很有些混乱：迪拜的泡沫正在破碎中，阿拉伯酋长国的其他国家紧急援救濒于破产的房地产项目投资，以避免迪拜整个倒下。而这个启用仪式的张扬、建筑的炫耀，和经济情况形成了尖锐的对比，我当时都很困惑，不知道这两者如何能够放在一起来看。

100多年前，美国已经开始在纽约和芝加哥兴建超高层的摩天大楼。帝国大厦完成于1931年、克莱斯勒大厦完成于1930年，而战后的技术条件更加完善，山崎实（Minoru Yamasaki）

山崎实
Minoru Yamasaki

左：吉隆坡双子星塔，楼高452米，是2003年以前世界最高建筑

中：上海环球金融中心大楼，高492米

右：台北101大楼，楼高509米，是2010年以前的世界最高楼

完成了纽约的“世界贸易中心”双塔，之后是芝加哥的“希尔斯塔”落成。摩天大楼作为一个国家、城市的实力的标志开始越出美国国境，马来西亚建成了石油公司的“双子塔”（Petronas），台湾建成了101大楼，上海建成了金融中心大楼。比如纽约的帝国大厦是381米，上海的金茂大厦是421米，芝加哥的西尔斯大厦是442米，马来西亚吉隆坡的双子塔是452米，而这个“哈利法塔”居然一下子跳到828米，是摩天楼中的跳高冠军是无疑的。“攀高”成了地标性建筑的一个热点，迪拜的“哈利法塔”就是这个攀比潮的目前冠军，自然大家也知道这个结果是物理的胜利，在经营上这个塔是否会有成效，还是一个完全的未知数。

好多设计师都曾经参与过摩天大楼的设计，我们熟悉的贝聿铭设计了香港的中国银行大厦，诺尔曼·福斯特设计了香港汇丰银行大楼，菲利普·约翰逊设计了纽约的AT&A大楼，马来西亚的“双子塔”是西萨·佩利的作品，上海的上海环球金融中心是美国KPF设计的，而金茂大楼则是芝加哥的SOM设计的。即便现代建筑第一代大师中，也有设计摩天大楼的，比如密斯·凡德洛设计了纽约的西格莱姆大楼，而佛兰克·莱特则设计过计划建造在芝加哥市中心的一个超高层的大楼，设计高度是1609.3米高，520层。虽然没有建成，这个试图，也说明了摩天大楼一直是我们现代建筑师的热情中心之一，经久不衰！

为什么迪拜要做摩天楼呢？是土地不够用吗？肯定不是的，你搭乘高速电梯到“哈利法塔”123层，四面一看，全是蛮荒的沙漠，好像在火星表面一样，那些土地，长年滴雨不下，没有河流，整个国家就是沙漠，长年气温总在摄氏40度以上。迪拜城里走走，没有什么迪拜人，迪拜全国目前有226万的人口，大部分的人都不从事体力劳动的工作，这里从事建筑、服务工作的人90％都是外来的民工。迪拜大部分领土是沙漠，覆盖了超过90%的土地，做这个高塔是一系列“豪赌”中的重要一步，除了那些豪华的超级大酒店外，户外就是一个无人地带，名胜古迹？没有！历史遗址？没有！自然景色？没有！来看什么？酒店。做这个塔的目的，就是一个能够套进去旅游应该有的所有功能一体的地标。

“哈利法塔”自2004年起兴建，其承建商Emaar集团一直都神秘兮兮的，虽然媒体一直在追踪细节，但是承建商却从来没有透露任何建筑计划。直到开幕的时候我们才知道很多的细节，也知道这个建筑物的创纪录情况。根据高层建筑暨都市集居委员会（CTBUH）的国际准则，无论是建筑物结构高度、顶层地面

高层建筑暨都市集居委员会
CTBUH

上：楼高830米的迪拜哈利法塔，是目前世界第一高楼

高度、楼顶高度，还是包括天线或旗杆之类的高度，竣工后的“哈利法塔”都可谓举世无双。哈利法塔不但高度惊人，连建筑物料和设备也“份量十足”。哈利法塔总共使用33万立方米混凝土、3.9万公吨钢材及14.2万平方米玻璃。大厦那么高，当然需要先进的运输设备。大厦内设有56部升降机，另外还有双层的观光升降机，每次最多可载42人。此外，哈利法塔也为建筑科技掀开新的一页，史无前例地把混凝土垂直泵上到460米的地方，打破台北101大厦建造时的448米的纪录。

第二次世界大战之后，针对城市蔓延的问题，有几个前卫建筑群体从不同的侧面研究如何解决在市中心区建造高层建筑来解决城市无止境地向郊区延伸造成的各种问题。著名的“第十小组”，日本的“新陈代谢”派，英国的“建筑电讯”派，他们的探索多半是纸上谈兵的，但是到了21世纪，就逐步显现出成果来了。

上：哈利法塔周围的沙漠景观

下：哈利法塔上的城市观景台

“哈利法塔”和整个迪拜那些体量庞大的怪异建筑的背后操盘手，自然是阿拉伯酋长国的政府。阿联酋的几个国家除了石油出产之外可以说是一无所有，而迪拜则连石油也不多，做一个“奇迹迪拜”的目的一个是集聚在以石油为中心而扩展出来的国际贸易和金融核心，第二是无中生有创造出一个沙漠中的“奇迹”来打造旅游业，方式很简单：迪拜政府给予最适合国际投资的政策和法令，阿联酋其他出油的国家集中投资，请全世界最强势的建筑设计师设计最大体量、最高、最奇异的建筑群，创造以尖端人群为市场的房地产开发项目，包括人造岛、人造海湾形式的住宅区，通过对这些建筑的宣传，营造迪拜形象，造就品牌效应，吸引全球最富裕的消费者来度假（其实就是住酒店）、采购名牌奢侈品。10多年来，我们是一直看着这个构思在一步步实现中的。

迪拜要求项目一律要眩目的豪华，因此，这个“哈利法塔”也要极尽奢华，这个塔里面的所有设施，比如豪华公寓、酒店、服装专卖店、游泳池、温泉会所、高级个人商务套房以及位于

124层可以俯瞰整个迪拜的观景平台都设计得张扬得惊人，意大利时尚设计师乔治·阿玛尼要在大厦内建起第一家阿玛尼酒店，这里将成为阿玛尼酒店全球连锁的旗舰店，内部所有的装潢、家具设计全部遵循阿玛尼品牌的风格。阿玛尼酒店内包括有175间贵宾间和套房，除此之外还有餐厅、温泉等，占地共达4万平方米。在酒店的旁边还有144座豪华的住宅式公寓，从家具到所有其它产品的设计也都由阿玛尼亲自操刀。

这样，我们就可以看出要做到世界最高的塔的原因：就是用高作为品牌，再用品牌来刺激旅游购物，逐步形成这个一无所有的国家的经济核心。之所以这样去策划迪拜，是因为石油资源是有限的，如果现在不打造一个石油枯竭之后的经济中心，几十年后这里的人就只有移民走掉了。以前在中东几乎没有什么可以做热旅游的，迪拜就用这种旅游核心的要素，包括顶级豪华的酒店、免税商业等等，在沙漠里面硬生生地打造出单纯依靠顶级酒店为核心的旅游业来。迪拜在2004年间就已经接待了超过540万名游客，比2003年上涨了9%，2010年，游客数字增长了3倍。因此，修建这样一座世界上最高的酒店，一方面是吸引更多的观光客，另一方面也可以容纳来自世界各地日益增长的游客。

所谓“树大招风”，这么高的一个楼，目标也就大了，阿联酋的情报机构据说在几个月前逮捕了数名涉嫌参与恐怖活动的嫌犯，从嫌犯的住处搜查到大量炸药、自杀式炸弹腰带和大批武器弹药。并且据嫌犯供称，一个位于阿联酋境内的恐怖组织正在计划袭击迪拜塔。阿联酋当地一家报纸称，阿联酋警方和情报机构面对如此多的武器和恐怖组织的袭击计划感到非常震惊，而西方情报机构分析认为这些恐怖分子和武器来自阿联酋的邻居伊朗，而且恐怖组织的策划人非常神秘。阿联酋警方在行动中逮捕了8名恐怖嫌犯、3名当地人，其余为巴勒斯坦和叙利亚人。经初步审讯，嫌犯交待了计划袭击迪拜塔等恐怖袭击的初步计划，但是警方相信，这些人只是负责运输武器弹药，还有更多的恐怖分子没有被抓获。

左：伯瓷酒店（Burj Al-Arab酒店，又称阿拉伯塔）
右：豪华得让人窒息的伯瓷酒店

伯瓷酒店
Burj Al-Arab

空气中的城堡
Castle in the Air

几年前，号称7星级的酒店伯瓷酒店（Burj Al-Arab酒店，又称阿拉伯塔）完工，豪华得让人感觉窒息，虽然建筑界恶评如潮，但是慕名而去迪拜的人越来越多，我当时就感觉到迪拜的这类项目大策划后面有一股我自己不太明白的力量，现在看见“哈利法塔”张扬的落成，不知道是该喜还是该悲。2010年2月份的《纽约客》杂志上有美国建筑评论家保罗·戈德堡（Paul Goldberg）的文章“空气中的城堡”（Castle in the Air），他的一个说法我非常认同，戈德堡说：做最高的大楼，并非旨在住人，或者吸引游客，甚至旨在赢利，这类顶级高的大楼——包括上面说到的纽约帝国大厦、克莱斯勒大厦、纽约世界贸易中心，或者亚洲、中东的建筑在内，它们的目的仅仅在于吸引世界的注意力（You don't build this kind of skyscraper to house people, or to give tourists a view, or even, necessarily, to take a profit. You do it to make sure the world knows who you are.）。除此之外，我不知道还能够对这类建筑说什么了。在巨大的地标性建筑前面，设计评论居然有点失语的状态了。

“西子国际”的这个综合体，包括了勒·柯布西埃提出的城市五大功能在内，就业（上班）、生活、休闲、商业、交通，而这个综合建筑群还具有另外一个功能，就是在市中心激发此类型的开发，从而逐步改造没有历史价值部分的老城区，以朝上的方式来扩展杭州中心区，这样看来，“西子国际”的任务还很重呢！

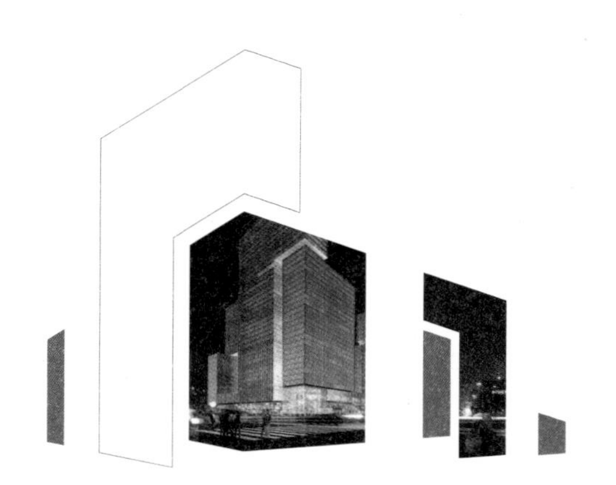

PART . 15
XIZI International Center

西子国际

杭州绿城的“西子国际”综合地标性建筑群是由美国KPF公司设计的，在项目设计中颇有新意，建筑单体的造型设计概念是从“城市门坊”，好像巴黎的“拉德方斯”一样，就是城市的入口大门形式。每一个建筑均由两塔楼切割，重新组合，两个体量转移后，形成一条通道，象征进入杭州这个区的门坊。采用纯粹现代主义风格，因而建筑造型简洁利落，因为有切割重组的设计方式，因而在简朴的现代主义之中又有了组合变化的趣味。

这个项目最让我喜欢的其实是国际城市综合体地标性建筑的概念，在国内目前城市四面八方泛滥蔓延的情况下，竖向发展如果仅仅集中在做超高层建筑，不但解决不了城市的问题，反而会使得城市更加空洞化、人际关系更加距离化，采用综合体方式，真正把五大城市功能融入一体，可以成为阻止城市中心空洞化、社区生活瓦解状况继续恶化的一种解决方法。然而，向上发展并不是一件容易的事，目前虽然好多城市建了为数众多的竖向的摩天大楼，但是基本全部不是城市的社区，而仅仅是写字楼而已。白天人头涌涌，晚上空空荡荡，城市中心反而空洞化了。“西子国际”在设计的时候，就已经在这方面有很清楚的认识，从而通过设计、营造来克服这些问题，从现在看到的成果来看，是让人欣喜的。

国际现代建筑大会
CIAM

城市朝横向蔓延远比朝竖向发展容易得多，横向蔓延已经是全世界城市发展的一个标准方式，而朝竖向的发展，则一直是纸上谈兵为多。1950年代“国际现代建筑大会”（CIAM）中的“第十小组”，日本的“新陈代谢”派，1960年代英国的“建筑电讯”小组都是探索竖向发展的先驱，但是因为当时土地供应量还相当充足，成本控制也比较紧，他们的概念绝大部分没有实现，给后来的发展留下了很多的概念和思考方向。到1990年代以来，城市蔓延已经发展到难以承载的临界点，好多在市中心上班

上：西子国际建筑体效果图

的人要坐两个多小时的车才能够回到家里，在洛杉矶，更有人要开三小时的车才到家，对土地的消耗、能源的耗费、环境的污染、时间的浪费已经达到了极限，进入到21世纪情况更加严重，特别是中国城市发展的超速情况，使得好多人能够浓缩的在短短二十年中看到了西方城市化、郊区化在过去百年中积淀的问题，因此，竖向发展更加成为比较亟待研究的课题。我这几年去了几次东京，去看六本木丘、东京中城，看到他们已经在逐步接触和解决这些问题，就更感觉我们需要在理论和实践上动手了。设想如果20世纪80年代我们在建造深圳特区的罗湖的时候，采用了“西子国际”设计的手法，那么深圳现在是多么好的一个城市啊！

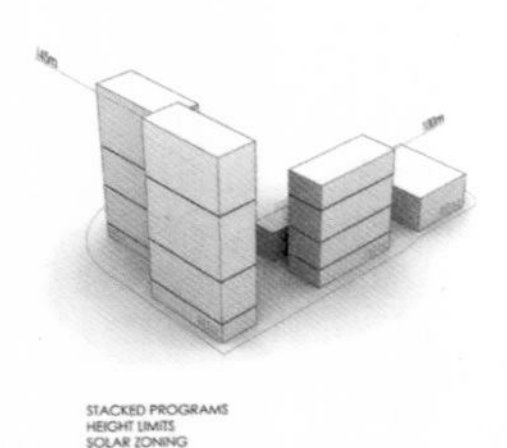

01

按照日照限高等条件确定各功能间的体量关系

Stacked Programs
Height Limits
Solar Zoning

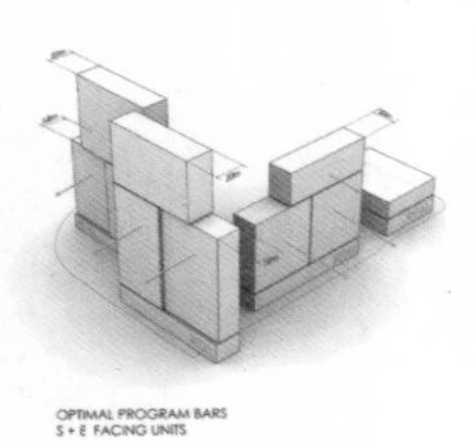

02

拆分不同的体量组合，形成南向和东向的单元

Optimal Program Bars
S + E Facing Units

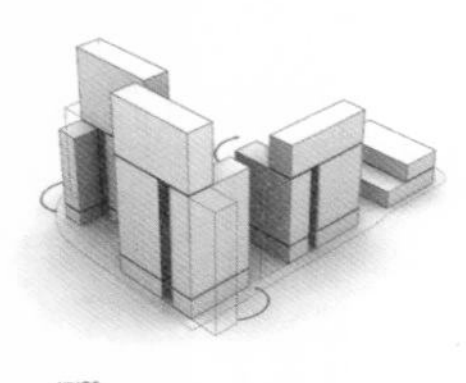

03

通过形体的转向和移位，创造城市门坊和竖向街区

Hinge at cores: vertical streets
Urban Porosity

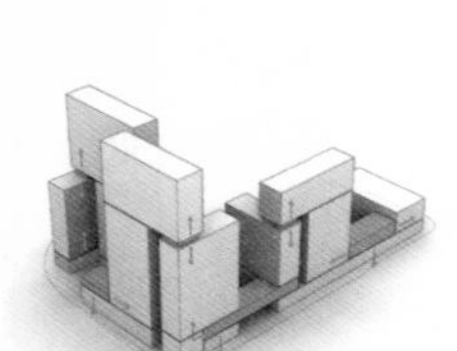

CONNECTIVITY

04

嵌入连接体量连接各功能空间

Connectivity

上：西子国际TI、T2、T3三幢竖式塔楼和底部商业裙楼

下：西子国际设计草图

文章至此，我重新看看在讨论书稿的时候他们给我的一些资料，重温一下这个项目的基本情况："西子国际"项目总用地面积是41.86亩，总建筑面积大约28万平方米，上面提到是由TI、T2、T3三幢竖式塔楼和底部商业裙楼构成，这个项目的总投资60亿元，他们在项目定位的时候是很明确的，定位是"高品质城市综合体"，目的是要集国际化写字楼、精装服务公寓和时尚购物广场等物业于一体的高端城市综合体。

"西子国际"项目的位置处于市中心，具体是在杭州市庆春路（金融第一街）东段，紧临庆春广场，项目正面江干区政府和西子联合大厦，南临庆春东路，北依太平门直街，东邻庆春广场、银泰购物中心，西接秋涛北路，离邵逸夫医院仅一路之隔、距离西湖及武林商圈约4.5公里，连接钱江新城，区域位置非常好。

上：西子国际商业圈全景

这个庆春路是杭州历史上重要的地段，这里有条运河，叫作东河，开凿于唐代，在宋代称“菜市河”，不少农副产品经东河入城。明代称“东运河”，清以后才称东河，这条河流经庆春桥、坝子桥、宝善桥，最后流入京杭大运河，河的沿岸一直是杭城民营丝绸业的汇集之地。不过多年荒废、缺乏规划，使得杭州这段东河的东岸绿化凋敝、建筑陈旧破烂，杭州政府对庆春路的改造设计概念，一方面是要加强城市绿化生态环境建设，营造优美城市空间，同时要结合古运河自然人文景观，改善古运河两侧

一带三脉
古运河滨水休闲景观带、时空脉、文脉、绿脉

环境面貌，为市民提供休闲、健身的活动场所，塑造“一带三脉”（古运河滨水休闲景观带、时空脉、文脉、绿脉 ）的景观格局。世界上大凡突出历史、绿化为主的改造，结果一定是景观突出，但是居民迁出，造成没有居民承继、带动文脉的问题。在仿历史建筑里安置大量居民肯定不行，因而“西子国际”这样的“朝上”的综合体就在这种情况下能够脱颖而出，为庆春路奠定了“文脉”的基础。这个项目的意义，也就更加重大了。

上：西子国际夜景效果图

“西子国际”因为从开始就设计为综合体，因此自然有三大业态为中心的架构，其中包括国际化写字楼，目的是为各金融机构、跨国企业和高科技企业等提供现代商务办公一体化平台；设计思路是要集舒适、私密、便捷、高效、生态等功能与特性于一体，建造一个具有优越的地理位置、领先的建筑设计、完善的硬件设施及良好的物业服务的写字楼中心。

第二个业态是供高端人群，特别是我们称为高级“白领”、企业领导、跨国企业高级雇员居住用的“城市公馆”，“西子国际”的精装服务公寓，因为区位在城市资源丰富的中心区，因此自然有齐全的城市优质资源配套的条件，“精装服务公寓”是由美国HBA公司（Hirsch Bedner Associates ）负责设计的，这个成立于1964年的设计事务所，专长于高级住宅、高级酒店的设计，特别在室内设计上具权威的水平，多年以来，丽池·卡尔顿

❖HBA

上：西子国际室外广场效果图

这类顶级酒店都是由他们设计的。用这样的设计事务所设计高级住宅，以高级精装为交付标准，这在杭州中心区是不多见的。HBA擅长于新古典主义风格设计，因此，这个建筑群的纯现代整体内部，是有室内差异感，显得特别生动有趣，并且豪华讲究。

第三个业态自然是商业，而“西子国际”的商业部分也是定位高端的，裙楼部分是这里的“时尚购物广场”，建筑面积6万平方米，设计上完全按照国际潮流来做，因此这个区充满了现代文化气息，在这类汇集了国际一线品牌店，加上他们细心选择而形成的风味特色餐饮区、国际风情休闲内街，整个商业部分给生活、工作在这里的人们创造了舒适、国际的氛围和条件。

一个项目具有国际综合体地标的意义已经难能可贵，而这个项目也成为杭州这个千年古城的中心区发展的一个新指标、新方向，“西子国际”的意义重大就无需我再累赘强调了。

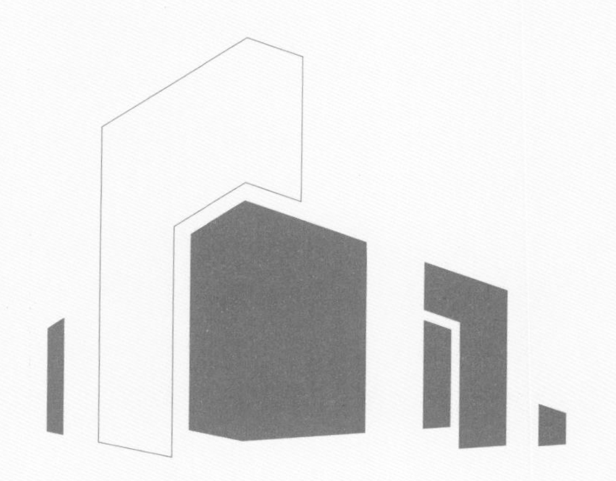

Up-growing City and
Slow City Slow Passenger

朝上的城市与“慢城慢客”

应 政

我从小生活在农村，对外面的城市生活充满憧憬。后来我用知识改变命运，离开农村进入城市，真切地享受到了城市生活的快捷便利。但扎根城市20余年，我却常有一种逃离城市的想法。诸多城市病的出现，让我感觉城市的发展似乎出了问题。

多年以来，杭州这个城市骨子里的悠闲气质，比此地闻名天下的美景更有感染力。所谓“临安风俗，四时奢侈，赏观殆无虚日”，从八卦田看菜花、虎跑泉试新茶，到飞来洞避暑、湖心亭采莼，再到满觉陇赏桂花、西溪道中玩雪，杭州人堪称是中国生活质量最高的人群。

但是，当汽车时代拓展了人们的居住范围之时，这种雍容的生活态度却渐行渐远。近些年来，随着景芳、朝晖等杭州市中心大型住宅区逐渐老旧，大量的老居民以及新杭州人也正在向留下、良渚、滨江、闲林等新兴城区迁移。一方面，中心城区不断地集聚财富、科技与人力资本，保持着繁荣；另一方面，郊区也在不断向外围拓展，每个人在日夜不停地迁徙，从生活场所到工作场所，如钟摆一般。特别是大量私家车引发的交通堵塞，让人们在安享郊外宁静的同时，却不得不每天把惊人的时间浪费在充满尾气、噪音和事故纠纷的路上。而且即使到了公司，也往往要四处转圈，再花半小时才抢得到一个车位。

这座诗意栖居之城随着自身的长大，不可避免地沾染上了越来越多现代社会的戾气。如何破解这样的困局？许多人的本能反应是“逃离”城市，向往一种梭罗的瓦尔登湖式的宁静生活。不过，与居住在市中心的人口相比，居住在树木和草地周围的大自然爱好者们经常长途驾车出行，往往拥有更大的需要取暖制冷的房子，事实上消耗了更多的能源，并且进一步恶化了交通拥堵和城市污染等问题。显然，“逃离城市”并非复兴杭州“慢城”传统的合理路径。

究竟什么是更健康、更环保、更有活力和可持续的发展模式？我走过全世界很多城市，可谓是感慨良多。在北京，我看到人们仍然在做卫星城，继续原先“摊大饼”的做法，分散城市集聚的人口；在香港，我们看到一个个综合体结合地铁上盖，但这个看似拥挤的城市却有很高的幸福感。我经常在想：城市应该朝外生长，还是朝上生长？

当我有幸遇见百大绿城·西子国际这个城市综合体项目之后，我似乎已经找到了破题的最佳切入点。

作为一个有责任、有理想的开发商，我们对脚下的土地负有义务，我们用以覆盖了它们的建筑，一定要成为最高等而且最睿智的种种幸福的许诺。西子国际这样老城中的城市综合体，恰恰最大程度地尊重了历史和环境。这个项目的特殊之处在于，一方面，它位于中国传统文化中著名的“慢城”杭州老城区，且距离西湖只有4.5公里；另一方面，它又是全球化时代的典型产物，以三座高耸的摩天大楼和28万方的皇皇建筑体量，彻底改变了整个街区的城市生态。这样一个由高速电梯、地铁捷运和空中廊道所连接的庞然大物，其倡导的生活理念偏偏是“慢城慢客”；乍一看似乎格格不入，但仔细分析，却会发现其中蕴藏了最大的合理性。

世界许多大都市的经验都证明了这一模式的合理性。虽然人们印象中的纽约“高楼大厦像峡谷一样高耸”，但这个城市里人们的生活却远比人们想像的更人性化、从容和具有幸福感。因为纽约有足够紧实的密度和合理的街巷网络，又有发达的公共交通系统，许多纽约人都依靠公交和步行出行，只有不到1/3的纽约人开车上下班。大城市的朝上生长，反而让人们重新找到步行“慢生活”的乐趣，并由此引发了《欲望都市》里女主人公的一次次街头浪漫邂逅。

而且，这种城市发展模式才是真正“对地球友好”的。在美国所有的城市中，纽约的人均耗油量是最低的。能源部公布的数据表明，纽约州的能源消费量为全国的倒数第二位。

城市综合体
HOPSCA

这一理念或许就是百大绿城・西子国际项目规划的起点。所谓城市综合体（HOPSCA），是将城市中多种不同的功能空间组合进一组建筑，并与城市的交通协调。同时，在其间建立一种空间依存、价值互补的关系，以形成一个功能复合、高效率的综合体。西子国际的出现，开启了杭州城市综合体的全新时代。它不仅将办公、居住和商业等功能完全涵纳在内，更是临近西湖的杭州老城核心区惟一开发的大型综合体。现代而奢华的甲级办公楼、精装服务公寓、商场，近乎完美地融入到老城细密繁华的生活网络中。从区位上看，西子国际距离西湖约4.5公里，一边是街巷细密的老城区，一边与钱江新城无缝对接，是城市“新”与“旧”衔接的关键节点。因此，西子国际对杭州城城市整体风貌和生活质量的影响力，是那些建在城市新区或卫星城的综合体所远远不能比拟的。

事实上，在杭州已经很难找出比西子国际配套更密集成熟的区位了。这里距银泰庆春店50米，距邵逸夫医院120米，距乐购超市240米，距采荷实验学校280米，距万象城1200米，距西湖4500米。西子国际步行10分钟范围内，各种餐厅、酒店、电影院、银行和公共自行车租车点不计其数；据统计，单是餐饮店就多达40多家，绿茶、禾绿回转寿司、第二乐章、必胜客和星巴克等更是“楼下拐角”即是。西子国际还是最正宗的“地铁楼盘”；随着2号线西北段在庆春广场正式动工，不久之后，从西子国际到杭州城的东西南北都将无比畅达。

从西子国际所落居的庆春广场一带原有城市风貌来看，这里道路网络细密，生活配套和商业设施密集，总体的建筑高度有限，是一种“低层高密度”的格局；西子国际的出现，则让这种高密度在平面拓展的基础上，又增加了竖向的维度，使这一带城市具有更明确密实的中心，将城市运作的效率进行了一次质的提升。

正是从尊重杭州历史与环境出发，从一开始，我们就希望把西子国际做成对社会人类有责任的伟大作品，成为留给世界的一个足迹。为了达到这样的目标，必须要整合所有最好的资源。

一方面，西子国际集中了全球最精华的设计力量，是世界顶尖设计团队的竞技场。西子国际尽邀各设计领域的顶尖国际团队，组成包含KPF、HBA、BPI和AECOM等在内的“超豪华阵容”，以最好诠释一种人流、物流和信息流极度密集状态下的都会生活魅力。

KPF
建筑设计

负责建筑设计的美国KPF，是世界上最著名的高层建筑与城市综合体设计专家，代表作有曾经的“世界第一高楼”上海环球金融中心、上海恒隆广场、东京六本木、香港环球贸易中心和美国时代广场等，先后拥有13部专著和超过300个世界级奖项。

HBA
室内精装修设计

负责室内精装修设计的美国HBA，在全世界13个分公司拥有超过800名设计师，自1965年成立以来引领着酒店室内设计业；常年与四季、希尔顿、洲际、莱佛士等世界顶级品牌酒店合作。近期，更以上海和平饭店与外滩华尔道夫酒店的设计为国人熟知。

BPI
灯光设计

至于为整个建筑群做灯光设计的BPI，只要说起该事务所的代表作——纽约自由女神像和吉隆坡双塔——自然会让人们憧憬一个城市新地标的冉冉升起。百大绿城·西子国际将开幕仪式选在寒冷的晚上，就是因为BPI为售展中心设计的灯幕十分绚烂，“夜景远远美过白天。”

顶尖国际团队为绿城产品带来的自我突破，在HBA大师伊恩·卡尔的两套精装修样板房中已见端倪。近10年来，杭州主流的精装修在人们的脑海里似乎已经定格：奢华、繁复，大量运用深色石材和大花图案壁纸，充满戏剧感。而伊恩·卡尔在西子国际精心营造的，却是一个将上流社会气质寓于沉稳冷静中的世界；在木纹石、鲨革软包和不锈钢饰边之间，玩弄着各种微妙的灰色——让人想起冬日清晨水气氤氲的西湖。

另一方面，西子国际还是杭州本土最好的住宅开发商绿城、老牌商业王国百大和杭州大厦、工业巨擘西子之间的首次合作，将杭州人心目中最高品质的建筑、最顶级的商业资源和最雄厚的资金实力囊括于一个项目中，可谓是具有里程碑意义的城市盛事。

几大本土巨头的合作，已经为西子国际带来诸多令人兴奋不已的卖点。随着杭州大厦正式签约西子国际，许多西子国际的业主已经开始畅想“乘电梯下楼就能逛杭州大厦购物中心”的生活了。作为中国著名的精品百货公司，杭州大厦以曾连续八年蝉联中国单店百货销售第一的骄人业绩，成就了浙江乃至国内瞩目的“奢侈品帝国”，在许多中年杭州人心中的地位根深蒂固。住在杭州大厦楼上的诱惑，几乎是“无法抗拒”的。

高端住宅专家

在空间品质上，由于中国“高端住宅专家”绿城的存在，让西子国际与钱江新城的竞争产品相比也拥有一边倒的优势。西子国际的开发商绿城是杭州人最认可的开发商品牌，并聘请HBA大师伊恩·卡尔定制精装修方案，其外立面花费巨资打造了“三层夹胶幕墙体系”，室内新风系统可保证每小时50立方米的新风量，每套房源中都安装了近万元的智能电子马桶，洗衣机与干衣机独立配置。

由于杭州的古城风貌基本已经不复存在，西子国际使用的又是很小一块土地资源，所以这个大型城市综合体对原有地缘文脉不仅没有破坏，反而极大地美化了城市天际线。西子国际建筑单体的造型设计灵感来自“城市门坊”，好像巴黎的拉德方斯一样，像征着城市的入口大门。在一片如毛细血管般蔓延的低矮、辐辏而热闹的城区中，它呈L形的排布楔入城市，高耸的巨型玻璃体块穿插出门坊意象，以极其强势的现代语汇与所处街区对话、冲突，最终期望达成一种有机的城市更新——犹如贝聿铭的玻璃金字塔之于古老的卢浮宫。

城市门坊

当然，对一个大型城市综合体来说，最关键的还是其功能的复合性。西子国际规划了8万多方写字楼、5.1万方高星级酒店、2.7万方精装服务公寓和6万方的时尚购物广场。这样，基本上涵盖了一个城市的工作、商务、旅行、居住、购物休闲等主要功能。项目的开发者相信：在这里，人们既不会失去原有旧城的“低层高密度”生活网络的便利，又因城市综合体的高度功能复合性，在一个“竖向的街道”中将最新鲜的享受收揽在触手可及的范围内。因为大多数生活需要都在5分钟步行圈内，又可通过地铁快速集聚和疏散，由此人们恢复了步行的乐趣，重寻到雍容的生活态度。

其实，在多数历史比较悠久的国际大都市，住在市中心步行生活圈仍然是最富有人士的专属权利。在纽约、波士顿和费城都各有4个交通区和收入区：一个是中心区（如曼哈顿中心区或灯塔山），富人依靠步行或公共交通上下班；一个是第二区（如纽约周边自治城镇的边缘或波士顿的洛克斯布里），穷人依靠公共交通上下班；一个是第三区（如威斯彻特县或韦尔斯利），富人驾车上下班；一个是由偏远地区组成的外围区，较为贫穷的人居住在那里，并驾车上下班。巴黎同样拥有非常完善的公共交通系统，因此也有一个内城区，在那里，富人依靠地铁或步行上下班。另一个则是穷人区，人们居住在有火车通往巴黎的较为偏远的地区。

位于杭州市中心的西子国际，也是城市中可以依靠步行或公共交通出行的“第一区”。在这里，你可以想像这样一种生活：刚才还在忙碌的办公室里运筹帷幄，5分钟后已经安坐在自家的落地窗前品一壶新茶；与远道而来的老同学在喜来登酒店大堂吧小叙，再一道去楼下的名品广场逛街；早上8点走出家门，进入地铁站换乘高铁，9点准时出现在上海的某财富论坛上……因为时间尽在把握，一切都不疾不徐，气定神闲。

你甚至可以想像：业主从纽约肯尼迪机场起飞，降落上海浦东机场，乘地铁到虹桥，然后坐高铁到杭州的火车东站，最后接驳地铁回到西子国际，下了地铁后不用出到地面，直接通过专属电梯就回到自己的家。从机场到电梯，真正做到国际意义上的无缝连接和零换乘，甚至下雨天连雨伞都不用准备。

我相信，最终西子国际带给整个区域的贡献将是惊人的。它会带动庆春广场和其它商业的更新换代，提升区域价值，并解决大量的就业问题。西子国际一共有近15万方的写字楼，以平均每10平方米容纳一个上班族计算，未来将有15000人在此工作，而商场部分至少还可以容纳约2000名工作者。

快城快客

“慢城慢客”背后，其实是“快城快客”，因为所有的效率都通过城市综合体最大化了，其核心是打造一个“5分钟生活圈”。

从整个城市发展的宏观视角来看，城市综合体不仅为生活于其中的人们提供了效率和便利，而且将成为城市的创新和活力之源。无论是香港的海港城还是杭州的西子国际，大型城市综合体是人员和公司之间物理距离的消失，它们代表了接近性、人口密度和亲近性。它们使得我们能够在一起工作和娱乐，它们的成功取决于实地交流的需要。

多个世纪以来，世界上最重要的创新总是来自于集中在城市街道两侧的人际交流；而现在，这些激动人心的创新或许将来自城市综合体的“竖向的街道”上，因为只有这里才能继续提供大量面对面交流的机会。现代的统计数据表明，当年轻的专业人士生活在一个周围有很多同一职业竞争对手的环境里时，他们的工作时间会变得更长。那些面对面的交流，比如说眼神的交流、嗅觉的提示、握手的感觉，仍然是商务上成功的关键所在，即使是最好的音频和更加清晰的屏幕也无法取代。

在全球大多数地方，富人们往往用宽大的办公室和精心装饰的围墙把自己包围起来；但在华尔街的交易大厅里，一些全球最富有的人却彼此挤在一起工作。为了获取因为靠近他人而得到的知识，非常富有的交易商们放弃了自己的隐私。从某种意义上说，证券交易大厅恰好是西子国际这样的城市综合体的缩影。因此，当布隆伯格于2002年再次转行担任纽约市长之后，他把自己当年在所罗门兄弟公司的开放式办公室也搬到了市政厅。

这样的生活状态，给都市人带来的将是什么感受呢？让我们再以因大量城市综合体和摩天大楼林立的街区闻名的华人城市香港为例。香港作为超高密度城市的终极形式，其居民的幸福感却一直在华人城市中遥遥领先。英国《经济学人》杂志智库（*EIU*）2011年8月30日公布的半年一度“全球最适合居住城市”排行榜上，中国总共有10个城市上榜。

“全球最适合居住城市”排行榜

其中香港排名最高，位列第31位。

*EIU*的榜单，乃是综合衡量社会稳定、医疗保健、文化、环境及基础设施等30个因素得出。尽管香港没有澳洲城市的疏朗居住尺度，但它提供的便利性，高效和资源的集中化，生活的丰富层次，却是在低密度下无法获得的。

清晨，当第一缕霞光映照在维多利亚湾的海面上时，已有许多早起的健身者迎着海风慢跑在平坦的星光大道上。当八九点钟城市逐渐醒来的时候，身着职业装的白领和穿戴各色校服的学生井然有序地乘上地铁，赶往目的地。在这个城市，人行道、游戏场、无数的商店和服务设施位于很多层平面上，从地下一直到屋顶，通过自动扶梯和电梯联系，而且常常是24小时运营。住在高层公寓的居民如果在午夜想吃碗面条，他只需要下到下面商业楼层就可以了。

因为各种生活设施密集排布，所以香港的街区之间均以过街天桥、廊道相连。“步行街”不仅把各个建筑、商铺和地铁联系起来，为购物者提供了便利，同时也把多个建筑纳入到一个“紧凑”的步行系统中，联合行动出具有多种复合功能的商业建筑群，使人们在城市中共享基础设施、体验快节奏生活的同时，也找回相对轻松的生活状态。

以香港、纽约这些城市朝上生长的故事为样本，我们不妨说：当代城市人心情的快慢，是由纷繁的需求被满足的速度决定的。本雅明、李欧梵或舒国治这些著名的城市漫游者，已经用他们的性灵文字证明：最繁华的国际大都市，其实也可以是“慢生活”的天然土壤。全看你如何去使用它，发现它。

慢生活

因此，恰恰是一个闹市中心的超高层城市综合体项目——百大绿城·西子国际，为杭州提供了一个最具思辨色彩的角度：在“快节奏”的黄金地段，各种步行可达的极致城市便利，将会重新塑造新的“杭州之慢”。

图书在版编目（CIP）数据

朝上的城市 / 王受之著. -- 杭州：浙江大学出版社，2014.3
ISBN 978-7-308-12460-7
Ⅰ. ①朝… Ⅱ. ①王… Ⅲ. ①建筑 - 文化 - 文集 Ⅳ. ①TU-8
中国版本图书馆CIP数据核字(2013)第260575号

朝上的城市
王受之 著

策 划 人 应 政
编　　委 祝 军 洪 峰
责任编辑 李海燕
装帧设计 续设计工作室
出版发行 浙江大学出版社
（杭州市天目山路148号 邮政编码：310007）
（网址：www.zjupress.com）
印　　刷 杭州海虹彩色印务有限公司
开　　本 787mm × 1092mm 1/16
印　　张 14
字　　数 200千
版 印 次 2014年3月第1版 2014年3月第1次印刷
书　　号 ISBN 978-7-308-12460-7
定　　价 70.00元

浙江大学出版社发行部联系方式：0571-88925591；http://zjdxcbs.tmall.com